30년 현직 의사가
알려주는

# 치 매
# 진행을
# 늦추는
# 대화의
# 기 술

요시다 가츠야키 지음
전지혜 번역

아티오
ArtStudio

**요시다 가츠아키**

1956년 후쿠오카현 출생. 의학 박사. 일본 노년정신의학회 전문의, 정신과 전문의.
가나자와의과대학 의학부, 도쿄의과대학 대학원 졸업. 후쿠시마현 아이다병원 등에서 근무
후, 요코하마 아이하라병원을 개설하여 원장을 맡았다.
2021년에 요코하마 쓰루미재활병원장에 취임. 현재, 가나가와현병원 협회회장도 역임하고
있다. 30년간, 치매 환자와 그 가족과 끊임없이 마주해온 경험을 토대로 간병인의 대화 방식
하나로 치매 진행에 차이가 있음에 주목. 진행을 억제하기 위한 대화 기술을 정리한 것이 이
책이다. 저서로 『치매혁명(치료 예방) 일본 최고의 치매 전문의가 알려주는 치료법』(북스타) 등
이 있다.

**30년 현직 의사가 알려주는**

# 치매 진행을 늦추는 대화의 기술

2023년 1월 25일 초판 인쇄
2023년 1월 30일 초판 발행

| | | |
|---|---|---|
| **펴낸이** | | 김정철 |
| **펴낸곳** | | 아티오 |
| **지은이** | | 요시다 가츠아키 |
| **번 역** | | 전지혜 |
| **마케팅** | | 강원경 |
| **표 지** | | 김지영 |
| **편 집** | | 이효정 |
| **전 화** | | 031-983-4092~3 |
| **팩 스** | | 031-696-5780 |
| **등 록** | | 2013년 2월 22일 |
| **정 가** | | 17,000원 |
| **주 소** | | 경기도 고양시 일산동구 호수로 336 (브라운스톤, 백석동) |
| **홈페이지** | | http://www.atio.co.kr |

# 치매를 진행시키지 않기 위해
## 가장 중요한 점

치매 환자와 살고 있는 가족분들에게 다음과 같은 이야기를 자주 듣고는 합니다.


"예뻐했던 손주에게 '시끄러워!' 라며 근처도 못 오게 해요."

"'집에 갈래!' 라며 말도 듣지 않고, 몇 번씩이고 자주 집을 나가 버려요."

"'밥을 안 준다' 라며 이웃 사람들에게 말하고 다녀서 곤란해요."


이런 치매 환자에게 "뭐 하는 거야!", "적당히 좀 해요!", "왜 그러는 거예요" 라며 자기도 모르게 큰 소리를 내는 가족들도 적지 않습니다.

짜증이 나거나, 슬퍼지거나, 화를 주체하지 못하게 되기도 하죠……

가족들은 괴로움 마음에서 자기도 모르게 나오는 말이라고는 하지만, 이러한 대화 방식은 상대를 전면 부정하는 것이나 다름없습니다.

아마도 치매를 앓고 있는 어르신이 있는 많은 가족들 간에 이런 심한 표현을 나누는 일은 흔치 않을 것입니다. 하지만 '이제 아무것도 모르잖아' 라며 한숨을 쉬며 짜증과 불만, 갑갑한 마음을 치매 환자에게 내보이는 일은 안타깝게도 좋은 방법은 아닙니다.

유감스럽게도 이런 대화 방식이나 부정적인 언어의 사용이 치매를 악화시켜 간병하기 더 어렵게 됩니다.


치매 환자가 일으키는 '난처한 행동'은 모두 뇌의 기능 저하 때문입니다. 결코 환자 개인의 의도적인 심술이 아닙니다.


치매에 걸리면 '감정실금'이라 불리는 감정의 대폭발이 쉽게 발생합니다. 그래서 예전에는 카랑카랑한 어린아이의 목소리가 '시끄럽지만, 활기의 증거'로 인식되고 받아들여 졌지만, 치매에 걸린 이후에는 이를 허용할 수 없게 됩니다.

또 장소, 시간, 인물을 인식할 수 없게 되는 '지남력(指南力)* 상실'로 인해 분명 자기 집인데도 다른 사람의 집이라고 생각하게 됩니다.

---

*지남력(指南力) : 시간, 장소, 인간에 대한 상황 판단을 올바로 인식하는 능력

가족들에게 민폐를 끼친다는 부정적인 시선 때문에 자존심에 상처를 입어 자신을 피해자로 만들고, 경우에 따라서는 가족을 악인으로 만들기 위해 일어난 적이 없는 이야기를 지어내기도 합니다…….

사실 앞서 언급한 행동의 이면에는 다음과 같은 이유가 있습니다. 겉으로는 보이지 않는 뇌 안에서 다양한 장애가 발생하고 그것이 또 다른 장애를 유도하여 '난처한 행동'을 일으킵니다.

이것이 치매 환자가 일으키는 '난처한 행동'의 본질입니다.

겉으로 드러나는 행동만 보고 치매 환자를 질책하면 증상은 개선되지 않습니다.

뇌 안에서 일어나는 장애에 접근해야 비로소 증상 악화를 최소한으로 줄일 수 있습니다.

제가 접근 방식에서 가장 중요하다고 느끼는 부분이 '대화 방식'입니다. 그렇다고 무턱대고 아무렇게나 이야기해도 된다는 뜻이 아니라 '대화 방식에도 제한해야 할 주의점'이 있습니다.

치매 환자는 기억하지 못하거나 인식하지 못하는 것이 늘어나더라도 희로애락(喜怒哀樂) 등 큰 감정의 움직임인 '정동(情動)'은 마지막까지 유지된다고 합니다.

무조건 부정하거나 화를 내면 '분노(怒)'와 '슬픔(哀)'을 강하게 호소합니다. 이 부정적인 정동으로 인해 치매 환자는 더 고집이 세져 간병인과 원활한 의사소통을 취할 수 없는 경우가 많습니다. 그 결과, 대화나 외출이 줄어드는데 이는 뇌로 가는 좋은 자극이 줄어들면서 치매의 가속화가 진행되는 일이 적지 않습니다.

반대로 '기쁨(喜)'과 '즐거움(樂)'을 느끼면 기분이 좋아져서 행복감을 얻을 수 있는 것은 치매 환자도 마찬가지입니다. 대화에서 '행복'을 느끼는 일이 늘어나면 간병인을 비롯한 '타인과의 교류'에도 적극적으로 변해 갑니다. 대화나 타인과의 관계에서 얻을 수 있는 뇌에 대한 자극에는 인지 능력(기억하고 판단하는 등의 능력)의 저하를 억제하는 효과가 있습니다.

또 '즐겁다!' 라는 긍정적인 정동(情動)을 경험하면 인지 능력이 향상된다는 사실은 의학적으로도 주목을 받고 있습니다.

치매 지식을 갖춘 상태에서 치매 환자의 난처한 행동은 장애 때문에 일어난다는 사실을 냉정하게 받아들여 정확한 표현으로 대화를 시도하면 치매 진행을 늦추는 데 얼마나 효과가 있을까요?

실제로 치매를 관리하는 의료기관이나 간병하는 현장 직원의 대부분은 이에 대해 배우고 훈련하여 치매 환자를 접하고 있습니다. 그러나 안타깝게도 대부분의 일반 가족들은 그렇지 않습니다.

저는 지금까지 약 30년에 걸쳐 고령자 병동에서 근무했으며, 여러 치매 환자와 그 가족을 마주해 왔습니다.

그곳에서도 가족들이 '대화 방식이나 환자를 대하는 방식을 알고 적절한 의사소통에 신경 썼을 때, 치매 환자의 증상이 진행되는 정도가 달라지는 경우'가 꽤 있었습니다.

이 책에는 그러한 대화 방식의 비결과 기술을 한 권 안에 정리했습니다. 어떤 표현을 선택하면 좋을지, 구체적인 상황별로 50가지나 되는 예시를 통해 대화 방식의 힌트도 소개합니다.

힘든 것은 없습니다. 간병인이 해야 할 일은 환자와의 '대화' 뿐이니 누구든 바로 적용해 볼 수 있습니다. 비용도 들지 않고 의학적으로 효과를 인정받아 실제로 증상이 완화된 치매 환자도 적지 않다 보니 강력하게 권하는 바입니다.

사람은 누구든 마지막 순간까지 사람으로서 존엄을 유지하고 인생을 누릴 권리가 있습니다. 저는 치매 환자뿐만 아니라 간병인도 마음껏 인생을 누리시기를 바랍니다.

이 책의 대화 방식을 실천해 보면 치매 환자의 난처한 행동이 줄면서 간병이 편해져 간병하는 분도 웃음이 늘어날 것입니다.

또 치매 환자를 포함한 가족 전원이 행복한 시간을 보낼 수 있도록 이 책을 활용하신다면 제게 그 이상의 행복은 없을 것입니다.

요시다 가츠아키

제2장 | 치매 진행을 방지하는 열쇠는
'대화 방식'에 있다

## 제3장 '인지 능력을 향상시키는 대화 방식' 50가지 힌트

**알아두어야 할!** 치매 간병 방법 ② ·········· 206

음악 요법은 일거양득! 치매뿐만 아니라 오연성 폐렴 방지에도 좋다!

## 제 1 장

30년간의 임상시험을 통해 깨닫다

# 치매 환자의
# 머릿속과 마음속

# 도대체
## 치매란 무엇인가?

### 치매에 관한 '오해'가
간병인을 궁지에 내몬다

여러분은 〈스틸 앨리스〉라는 영화를 아시나요?

치매의 일종인 청년성 알츠하이머를 진단받은 앨리스는 자신을 한탄하며 슬퍼합니다. "차라리 암이었으면 좋았을 텐데. 이런 수치스러운 생각을 하지 않아도 됐을 테니까." 라면서 말이죠.

'치매에 걸리면 인생은 끝난다.', '기억이 없어지고, 인격은 붕괴하고, 대화하며 마음을 나누는 등 사람다운 의사소통을 취할 수 없다…….' 이렇게 생각하는 사람이 여전히 적지 않습니다. 앞서 언급한 앨리스도 마찬가지죠.

이러한 오해 때문에 치매 환자뿐만 아니라 간병하는 사람까지 얼마나 궁지에 내몰리고 있는지 아시나요?

치매 환자를 간병하려면 우선 '치매를 올바르게 이해하기'부터 시작해야 합니다. '올바르게 알고자 하면' 간병을 매일 마주하는 당신의 마음과 삶을 분명 편하게 해 줄 것입니다.

## 알고 있나요?
### 치매와 건망증의 큰 차이점

치매란 뇌세포의 감소나 혈관 수축 등 다양한 원인으로 인해 인지 능력의 저하가 일어나 일상생활에 지장을 미치는 상태를 가리킵니다. 현재 80대 초반의 4명 중 1명, 85세 이상의 절반이 치매를 앓고 있을 정도로 매우 대중적인 질병이죠.

사람은 나이를 먹으면 대뇌의 능력이 저하하며 기억력이 쇠퇴합니다. 이것이 이른바 '건망증'이죠. '최근에 건망증이 심한 거 같은데 설마 치매?'라고 걱정하시는 분이 많지만, 건망증을 자각할 수 있다는 것은 치매가 아니라는 하나의 증거입니다.

　그밖에 '얼마 전 운동회에서 (손주) ○○이(가) 달리기는 1등이었던가?' 등 손주의 운동회는 기억하지만, 달리기 순위 등 기억의 일부를 잊는 것은 건망증에 해당합니다.

　건망증인 경우는 '아이참, 할머니. 결승점 직전에 넘어졌잖아요' 라는 힌트를 들으면 '맞다, 3등이었지' 라고 떠올릴 수도 있죠.

　날짜, 요일, 년도 등도 착각할 수는 있지만, 일상생활에 지장을 줄 정도는 아닙니다.

## 치매에는
### 적극적인 '치료'가 필요합니다

하지만 치매 환자의 경우에는 이보다 더 심각합니다.

◆ 자신이 건망증이 있다는 사실을 자각하지 못한다.

◆ 어떠한 일에 대해 전혀 기억해내지 못한다.

◆ 힌트를 줘도 전혀 생각해내지 못한다.

더 심한 경우에는 다음과 같은 증상이 나타납니다.

◆ **시간(계절, 년도, 날짜)을 인식하지 못한다.** → 계절에 맞는 복장을 선택하지 못한다, 외출 준비를 못한다, 지각한다.

◆ **장소를 인식하지 못한다.** → 외출했던 장소에서 집을 찾아가지 못한다, 자택 화장실이 어디 있는지 모른다, 입원해도 병원에 있는지 모른다.

◆ **사람을 인식하지 못한다.** → 손주를 자기 아이로 오인한다, 친구를 인식하지 못한다, 가족을 가족으로 인식하지 못한다.

이처럼 치매는 '지남력 상실'이라 불리는 증상이 나타나면서 생활에 지장을 주어 치료가 필요한 상태를 말합니다.

혼동하기 쉬운 치매와 건망증의 차이에 대해서는 다음 페이지에 '기억해내지 못하는 정도의 차이'를 간단히 정리해 두었으니 참조해 주십시오.

## 치매와 건망증 '기억해내지 못하는 정도의 비교'

치매와 건망증, 각각 무엇을 기억해내지 못하는지를 간단히 정리해 두었습니다. 또 기억해내지 못했을 때의 특징도 함께 기재해 두었습니다.

| | 치매 | 건망증 |
|---|---|---|
| **식사** | 식사했다는 것 자체 | 식사 메뉴 |
| **용건** | 용건이 있었다는 것 자체<br>※ 다른 용건이 있었다고 생각하기도 한다.<br>※ 빈번히 잊어버린다. | 용건을 잊어버렸다는 자각이 있다.<br>※ 기억해내려고 시도해본다.<br>※ 잊어버리는 빈도는 높지 않다. |
| **사람의 이름** | 가족이나 주변 사람의 이름도 잊어버린다.<br>이름을 말해줘도 그 사람이 누구인지 인지하지 못한다. | 지인이나 연예인의 이름, 자주 만나지 않는 손주 등의 이름<br>※ 기억해내려고 노력한다.<br>※ 힌트를 들으면 생객해낸다. |
| **장소** | 항상 장을 보러 가는 슈퍼나 병원, 자택 화장실이나 자기 방 등<br>※ 자주 가는 장소를 잊어버린다.<br>※ 지금 있는 장소를 인식하지 못한다. | 지갑을 둔 장소, 돋보기를 둔 장소 등<br>※ 어느 장소에 두었다는 자각은 있어 생각해내려고 노력하며, 힌트를 들으면 기억해내기도 한다. |

'치매라고 하면 알츠하이머' 라고 생각하는 사람이 적지 않지만, 치매를 넓은 의미로 표현하면 '인지 능력에 변화가 발생하는 것'이라고 볼 수 있습니다.

참고로 인지 능력이란 기억, 언어, 계산, 판단 등의 지적인 능력을 말합니다. 따라서 치매의 종류를 세세하게 분류하면 100종이나 됩니다. 알츠하이머 치매는 그 일종이자 대표적인 치매로, 사실 치매로 진단된 환자의 약 70%가 여기에 해당합니다.

다음으로 많은 치매가 '혈관성 치매'로 약 20%, 이어서 '루이소체형 치매' 약 4%, '전두측두엽 치매'는 약 1%이며, 그 외의 치매가 전체의 5% 정도를 차지합니다.

이제 이 4가지 치매의 특징과 전형적인 증세, 간병의 비결을 소개하고자 합니다. 알아두면 '이건 치매 때문'이라는 사실을 깨달으면 어떤 일이 벌어져도 냉정하게 대처할 수 있어 간병 중 기분이 조금이나마 편해질 수 있을 것입니다.

그중에서도 대표적인 치매의 4종류를 소개합니다.

# ❶ 알츠하이머 치매

치매 환자 중 약 70%를 차지하며
당뇨병, 고혈압에 걸리기 쉽다는 연구 결과도 있습니다.

전형적인 증상인 '기억장애(어떠한 일 등을 기억해내지 못하는 장애)'
는 초기부터 나타납니다. 앞에서 소개했듯이 노화로 인한 건망증과
는 다르니, 차이점을 잘 파악해둘 필요가 있습니다.

`원인` 뇌에 단백질, 아밀로이드 β (베타)가 쌓여 신경 세포를 저해합니다. 광범위하게 뇌가 위축되어 인지 능력에 장애가 나타납니다.

`특히 영향을 받는 부위` 기억을 담당하는 '해마', 공간 파악이나 물건의 위치를 판단하는 '두정엽' 등.

`진행` 언제 시작되었는지 알기 힘들 정도로 느리지만 확실하게 진행됩니다.

`전형적인 증상` 기억장애, 배회, 후각의 저하, 작화 등.


처음에는 단순히 건망증이나 무심결에 저지른 실수 등으로 생각되지만, 서서히 진행됩니다. 후각의 저하로 악취를 깨닫지 못해 상한 음식이나 대변 등 먹어서는 안 될 것을 먹어(이식증) 설사나 구토를 하기도 하므로 주의해야 합니다( → 이식증 관련 대화 시도 방법은 202페이지 참조).


또, 자신이 잊어버리거나 어떠한 실수를 저질렀다는 사실을 무마하기 위해 사실과 다른 일을 창작(작화)해내기도 합니다( → 작화 관련 대화 시도 방법은 166페이지 참조).

## ❷ 혈관성 치매

뇌혈관 막힘이 원인으로, 뇌혈관 장애를 깨닫고
초기에 치료하면 진행 억제도 가능합니다.

감정을 조절하기 힘들어지고 슬픔이나 분노에 쉽게 지배되기도 합니
다. 울적해하는 사람도 많습니다.

<!-- 원인 --> **원인** 뇌경색이나 뇌출혈 등 뇌혈관이 막혀 혈액이 제대로 전달되지 않아 뇌의 일부가 괴사되며, 인지 능력이 침해됩니다.

**특히 영향을 받는 부위** 혈관이 막혀 혈류가 안 좋아진 부위(경색 부위)에 따라 다양합니다.

**진행** 언제 증상이 발현했는지 명확하며, 진행이 멈추는 단계가 있어 계단식으로 진행됩니다.

**전형적인 증상** 감정실금, 수행능력장애, 주의장애 등.

혈관성 치매의 경우, 막혀 있는 혈관에 따라 증상이 달라지지만, 대부분 감정실금이 나타납니다. 울적해 하거나(→ 울적해 하는 환자에게 대화를 시도하는 방법은 156페이지 참조), 반대로 갑자기 화를 내기도 합니다(→ 폭력적인 행동을 하는 환자에게 대화를 시도하는 방법은 170페이지 참조). 또, 기억력은 저하됐지만, 독해력은 문제없는 등 증상이 가지각색인 '짐작하기 힘든 치매 유형'도 있으므로, 환자가 할 수 없는 부분까지 치매 증상으로 여기지 않도록 하지 못하는 부분만 도와줘야 합니다. 또한 대사증후군(고혈압, 고지혈증 등)을 동반하는 경우도 있으니 식사 개선 및 적절한 운동 등 몸 관리도 중요합니다.

# ❸ 루이소체형 치매

치매 환자가 공포를 느낄 정도의 현실감 있는 환시가
나타난다는 것이 특징으로, 손발의 근육도 쉽게 경직되며
넘어지는 일도 늘어납니다.

사람마다 환시로 보이는 물체는 다르지만, 특징적인 것은 '벌레나 작
은 동물이 있다'라고 느끼는 점입니다.

`원인` 루이소체라는 단백질이 뇌에 축적되어 발생합니다.

`특히 영향을 받는 부위` 기억을 담당하는 '해마', 시각 정보를 처리하는 '후두엽' 등.

`진행` 다른 치매보다 진행이 빠르다는 점이 특징입니다.

`전형적인 증상` 환시, 운동 능력의 저하(파킨슨 증상), 우울증 등.


환시란 존재하지 않는 무언가가 보이는 증상으로 집 안에 모르는 사람이 있다거나, 다리에 벌레가 기어 다니는 등의 공포를 호소합니다. 루이소체형 치매 환자에게는 '실제로 보이고 존재하는 것'이니 부정하거나 웃어서는 안 됩니다(→ 환시 관련 대화 시도 방법은 198페이지 참조).

파킨슨 증상으로는 파킨슨병과 마찬가지로 움직임이 느려지고, 잔걸음을 걸으며, 상체가 앞으로 쏠리고, 몸을 떠는 등 이변이 생겨납니다. 쉽게 넘어질 수 있어 보행 보조가 필요한 경우도 많습니다.

동시에 진정하지 못해 불안해하거나, 집중하지 못하고, 울적해하는 등 정신적으로 불안정한 상태가 눈에 띕니다.

# ❹ 전두측두엽 치매

치매 전체의 약 1%. 언뜻 '나이가 들면서 성격이 변한 것'
처럼 보여 발견하기 힘들다는 일면도 있습니다.

성격의 변화는 다양하지만, 온화한 성격이었던 사람이 돌연 쉽게 화
를 내는 것이 특징적입니다.

원인  뇌의 신경세포에 단백질이 변성된 덩어리가 축적되어 '전두엽'이나 '측두엽'이 위축되면서 증상이 발현됩니다.

특히 영향을 받는 부위  사회성이나 언어를 조절하는 전두엽, 기억, 청각, 언어, 후각을 담당하는 측두엽 등.

진행  다른 치매보다 진행이 느리다는 점이 특징입니다.

전형적인 증상  반사회적 행동, 앵무새처럼 남의 말을 따라 하거나 소리에 대한 반응이 과민해지기도 합니다.


고령자뿐만 아니라 50~60대에도 증상이 발현되는 치매로서, 난치병으로 지정되어 있는 상태입니다. 어른스러운 성격이었던 사람이 돌연 난폭해지거나 절도나 난폭 운전 등 반사회적인 행동을 보이기 시작하기도 합니다. '마치 다른 사람처럼 변했다' 라는 말을 자주 듣는 유형(→ 물건을 훔치려는 환자에게 대화를 시도하는 방법은 188페이지 참조).


같은 말이나 행위를 반복하는 '정형 행동'이라는 증상도 나타납니다. 단 음식처럼 똑같은 음식을 매일 먹으려 해서 생활습관병으로 이어지기도 합니다. '잘 먹으니까' 라는 생각에 많이 사두려 하지 말고 '먹어도 되는 양 이외에는 숨겨두는' 등 간병인이 다양한 방법을 강구해야 합니다.

## 치매와 헷갈리기 쉬운
### '노인 우울증'이란?

"우리 할아버지는 할머니가 돌아가신 후부터 엄청 우울해하셔. 오전 중에는 계속 잠만 주무시고."

이런 사례는 '가성 치매'라고도 부르는 '노인 우울증'일 수 있습니다.

노인 우울증은 치매와 혼동하는 경우가 많은데 최근에 있었던 일을 기억하지 못하는 치매와 달리 최근 기억이든 예전 기억이든 기본적으로 차이 없이 인지하는 것이 특징입니다.

또한, 치매는 'ㅇㅇ 때문에 이렇게 됐다!' 라며 타인을 쉽게 비난하지만, 노인 우울증은 '내 탓이다' 라며 자신을 책망하는 경향이 있습니다. 그 결과, 자살이라는 최악의 결과를 초래하는 경우도 끊이지 않습니다.

전체 자살자 중, 약 40%는 고령자입니다. 또 고령 자살자의 대부분은 가족과 동거하고 있으며 실제로 독거노인은 전체의 5% 이하에 해당합니다. 대부분의 고령 자살자들은 가족들 사이에서 혼자 고독을 느끼므로 아무도 눈치채지 못한 채 증상이 악화되기도 합니다.

. dementia .

# 왜 '간단한 일'이
# 불가능해지는가?

    치매는 어떠한 원인으로 뇌세포가 감소 또는 위축하여 인지 능력의 저하를 일으키는 것을 말합니다. 그때 뇌가 손상을 입어 직접적으로 일으키는 장애를 '중핵증상'이라고 하죠.

    이제 대표적인 중핵증상을 하나씩 소개하고자 합니다. 치매에 걸렸을 때 어떤 장애가 발생하고 무엇을 할 수 없게 되는지를 알아두면 적절한 간병과 대화 방식의 힌트를 얻을 수 있을 것입니다.

기억이 사라지고 간단한 일도 기억해내지 못하는 등, 외우는 일 자체가 불가능해지고 증상이 진행되면 외웠던 것도 잊어버리고 맙니다.

특히 쉽게 잊어버리는 것은 물건의 이름이나 명사 등의 '의미 기억'입니다. 이것, 저것 등 대명사로 부르는 일이 늘어나죠.

반대로 쉽게 잊어버리지 않는 것은 자전거 타는 법, 집안일, 수영이나 뜨개질같이 몸이 기억하는 '절차 기억'입니다. 그러므로 치매 환자의 의욕을 북돋고 싶을 때는 '절차 기억'으로 기억하고 있는 수작업이 포함된 취미나 집안일을 부탁하면 좋습니다.

**핵심증상 2** 지남력 상실

자신을 둘러싼 환경에 대한 인식이 혼란스러워지는 장애로 '시간, 위치, 인물'을 파악하기 힘들어집니다.

시간 …… 계절, 년도, 월, 요일 등이 불확실해집니다.

위치 …… 장소를 인식할 수 없게 되어 산책하던 길을 자주 잃어버리거나, 집에 있는 화장실도 못 가는 사람도 있습니다.

인물 …… 자신과 타인의 관계성을 확실히 구분하지 못하는 증상이 진행되면 같이 사는 가족조차 판별할 수 없게 됩니다.

지남력 상실 상태는 간단한 질문을 하는 테스트(하세가와식 치매 평가 척도)로 확인할 수 있으니, 간병인, 그리고 치매 환자가 부담을 느끼지 않을 정도로 가정에서도 정기적으로 실행해 주십시오(→ 40페이지 참조).

### 중핵증상 3 판단력 장애

어떤 일을 이해하거나 판단하는 데 시간이 걸리거나, 올바른 판단이 불가능해지거나, 여러 일이 중복되면 처리할 수 없게 되기도 합니다.

판단 능력이 저하되면 요리를 잘했던 사람이 간단한 요리도 불가능해지거나, 절도 등의 반사회적 행동을 하거나, 이야기하는 도중에 갑자기 자리를 뜨기도 합니다.

**중핵증상 4** 실어

언어를 듣고 문자를 읽는 능력이 저하됩니다. 말하고 싶은 내용을 말로 표현할 수 없게 되거나, 대화가 도중에 끊기는 등, 언어와 관련된 능력이 저하됩니다.

간병인은 장황하게 말하지 않고 요점만 추려서 제스처를 나누면서 이야기하는 것이 중요합니다. 또, 치매 환자에게 대화를 시도하고 싶다면 아무리 잘 들리지 않더라도 '경청'하고 도중에 말을 끊지 않도록 신경 쓰기 바랍니다.

**중핵증상 5** 실인(失認)

오감(시각, 청각, 촉각, 미각, 후각)의 모든 인식이 저하되는 병증이 실인입니다. 바로 옆에 있는 사람이 대화를 시도하는데 눈치 채지 못하는 이유가 바로 이 실인 때문일 수 있습니다. 노인성 난청이라면 보청기 등으로 '청력'을 개선할 수 있습니다. 하지만 실인의 경우에는 소리를 잡아내는 기관에 문제가 없더라도 그곳에서 뇌로 정보가 전달되기 힘들어 보청기로 고칠 수 없습니다.

이런 경우 말을 걸면서 동시에 가볍게 어깨를 만지는 등 치

매 환자가 목소리를 쉽게 인식할 수 있도록 방법을 강구해야
합니다.

**중핵증상 6** 실행(失行)

지금까지는 일상적으로 해왔던 동작들, 즉 신발을 신거나,
목욕을 하거나, 젓가락을 사용하는 등의 행동이 불가능해지
는 증상입니다. '어떻게 움직이면 되는지', '어떻게 사용하면
되는지' 행동 방법을 알 수 없게 되어 행동이 제한되고 집 밖
에 나가려 하지 않는 원인이 되기도 합니다.

이런 경우 사용 방법 순서를 크게 써서 눈에 띄는 곳에 붙
여 두거나, 젓가락을 포크로 바꾸는 등 도구를 가능한 한 다
루기 쉬운 물건으로 교체하는 등 '불가능한 행동'이 늘어나지
않도록 능숙히 도와주십시오.

## 진행 정도별 간병 방법을
알아보자

　일단 치매가 시작되면 진행을 '늦출' 수는 있지만, 안타깝게도 조금씩은 진행되어 갑니다.

　진행 정도는 발병기, 초기, 중기, 말기의 4단계로 구분되며, 치매 환자에게는 신체 능력, 인지 능력의 저하뿐만 아니라 심적인 변화도 나타납니다.

　그렇기 때문에 발병부터 말기까지 가족이나 친한 사람의 적극적인 자세가 매우 중요합니다.

　사전에 증상의 변화나 단계별 치매 환자의 심정을 이해하고 간병인 측에서도 마음의 준비와 지원 체제를 충실히 파악해두어야 합니다.

## 발병기, 초기, 중기, 말기의 **심적 변화와 간병 방법**

발병기부터 초기, 중기, 말기까지 증상의 특징, 본인의 심적 변화, 그에 따른 보조 방법을 정리했습니다.

| | 전형적인 증상 | 치매 환자의 심정 | 지원 및 간병 방법 |
|---|---|---|---|
| **발병기** | 기억력, 집중력 저하. 업무나 집안일에서 실수가 두드러진다. | 아무렇지 않게 할 수 있었던 일을 하지 못하게 되어 불안해진다. 자신감을 상실하여 소극적으로 변한다. | 자신감을 잃었다고 해서 아무것도 안 하면 증상만 악화된다. 취미나 집안일 등 적극적으로 임할 수 있도록 보조해준다. |
| **초기** | 말이 잘 통하지 않게 된다. 불안하고 울적해 한다. 최근 있었던 일을 기억하지 못하게 된다(단기 기억 장애). 업무를 지속하지 못하는 경우가 많다. | 불안한 마음이 절정에 달해 마음을 억제하지 못하고 감정 기복이 심해진다. 하지 못하는 일이 늘어나고 있음을 자각한다. | 이야기를 잘 들어주고, 상냥하게 손을 쥐여주는 등 안정감을 주는 행동을 취한다. '외출보다 가족과 집에서 보내고 싶다' 라는 등의 본인이 원하는 바를 존중해주면 증상이 진정되기도 한다. |
| **중기** | 망상, 배회 등 이상 행동이 두드러진다. 대소변 실수 등 일상생활에서의 실수도 늘어나므로 자립 생활이 곤란해진다. | 질병의 진행이나 실수한 일에 대해 불안함이 커진다. 불안해하다가 패닉을 일으키기도 한다. | 이상 행동이 왜 일어나는지를 부정적으로 생각하지 말고 원인을 제거하려고 노력할 수 있다면 가장 좋겠지만, 무리는 금물이다. 간병인 스스로 기분을 전환하는 시간도 확실히 확보하여 '여유'를 즐길 수 있도록 한다. |
| **말기** | 기억장애가 진행되어 기억할 수 있는 부분이 극히 줄어든다. 계속 누워있는 환자도 있다. ※ 감정에 관한 기억은 남아 있다고 한다. | 활기가 없어지면서 감정이 마비되어 불안함이나 분노가 잦아드는 것처럼 보이기도 한다. 단 '불쾌'한 감각에는 민감하다. | 가정 내에서 간병하기 힘들어지므로 전문 시설 입소가 필요한 경우도 많다. 입소하더라도 가능한 한 빈번히 얼굴을 비추러 가서 안심시키는 것이 중요하다. |

## 지금은 몇 기……?
### '하세가와식 치매 평가 척도'로 현재 상황 체크

'하세가와식 치매 평가 척도'는 가정에서도 실행해볼 수 있는 치매 능력 검사입니다. 정신과 의사인 하세가와 가즈오 씨가 개발한 검사로 1974년 개발 당시부터 현재에 이르기까지 폭넓게 활용되고 있습니다.

준비물은 검사 결과를 기록할 종이와 연필과 더불어 5가지 물건입니다. 시계, 열쇠, 컵, 책, 펜 등 서로 연관성이 없는 물건을 선택합니다.

검사는 30점 만점이며, '예전에 대답할 수 있었던 질문에 대답하지 못하게 되었다'와 같이 치매 중에서도 지남력 상실, 기억 장애 등의 진행 정도를 확인할 수 있습니다. 꼭 정기적으로 실행해 주십시오.

단, 테스트를 실행할 때는 '합시다!', '꼭 해야 해요!' 와 같이 강제적인 행동을 취하지 않아야 합니다. '오늘은 즐거운 게임을 해볼까요?', '와! 대단해요! 정답이에요!' 등과 같이 밝은 분위기에서 진행될 수 있도록 신경 쓰기를 바랍니다.

## 하세가와식 **치매 평가 척도**

치매로 의심이 되는 분께 다음의 1~9까지 내용을 질문합니다. 모든 대답에서 도출해낸 점수의 합계점으로 치매의 진행 정도를 확인합니다.

| 질문 | 배점 |
|---|---|
| **①** 현재 나이는 몇 살인가요? | **2살까지의 오차는 정답**<br>정답 ·················· 1점<br>오답 ·················· 0점 |
| **②** 오늘은 몇 년, 몇 월, 며칠인가요? 무슨 요일인가요? | **연, 월, 일, 요일이 정답일 때 각각 1점씩**<br>　　　　　　　　　　오답　정답<br>연 ·············· 0점　1점<br>월 ·············· 0점　1점<br>일 ·············· 0점　1점<br>요일 ············ 0점　1점 |
| **③** 우리가 지금 있는 곳은 어디인가요?<br>(대답하지 못할 때는 5초 후에 힌트를 준다)<br><br>• 힌트 - '집인가요? 병원인가요? 시설인가요?'<br>　중에서 선택 | 자발적으로 대답했다 ·········· 2점<br>힌트를 듣고 정답을 맞혔다 ······ 1점<br>오답 ····················· 0점 |
| **④** 지금부터 말하는 3가지 단어를 말해 보세요. 나중에 다시 여쭐 테니까 잘 기억해 보세요.<br><br>• 아래의 계열 중 1가지를 실행한다<br>계열 1　a: 벚꽃　b: 고양이　c: 전철<br>계열 2　a: 매화　b: 개　　c: 자동차 | **단어별로 1점**<br>3개 정답 ············· 3점<br>2개 정답 ············· 2점<br>1개 정답 ············· 1점<br>오답 ··············· 0점 |
| **⑤** 100부터 7을 순서대로 계속 빼 주세요.<br>(A의 정답을 맞혔을 때만 B도 실행한다)<br><br>A : 100-7은?<br>B : 거기에서 7을 또 빼면? | **A, B 각 1점**<br>A : (정답은 93) ········· 1점<br>B : (정답은 86) ········· 1점<br>오답 ··············· 0점 |

| 질문 | 배점 |
|---|---|
| ❻ 지금부터 말하는 숫자를 반대로 말해 보세요. (A의 정답을 맞혔을 때만 B도 실행한다)<br><br>A : 6-8-2<br>B : 3-5-2-9 | A, B 각 1점<br><br>2 — 8 — 6 ·········· 1점<br>9 — 2 — 5 — 3 ·········· 1점<br>오답 ·········· 0점 |
| ❼ 아까 기억해 보라고 했던 단어(4번 질문의 3가지 단어)를 다시 한번 말해 보세요. (대답하지 못한 단어에는 힌트를 준다)<br><br>• 힌트 - a: 식물   b: 동물   c: 교통 수단 | 자발적으로 대답했다 ·········· 각 2점<br>힌트를 듣고 정답을 맞혔다 – 각 1점<br>오답 ·········· 0점 |
| ❽ 지금부터 5가지 물품을 보여드릴 거예요. 그리고 그것을 숨길 테니 무엇이 있었는지 말해 주세요.<br><br>• 1개씩 이름을 말하면서 나열하여 외우도록 한다. 그 후에 숨긴다. 시계, 빗, 가위, 담배, 펜 등 반드시 서로 관련이 없는 물건을 사용한다. | 1개 정답을 맞힐 때마다 1점<br><br>5개 정답 ·········· 5점<br>4개 정답 ·········· 4점<br>3개 정답 ·········· 3점<br>2개 정답 ·········· 2점<br>1개 정답 ·········· 1점<br>오답 ·········· 0점 |
| ❾ 알고 있는 채소의 이름을 가능한 한 많이 말해 주세요.<br><br>• 대답한 채소의 이름을 기입한다. 도중에 막혀서 약 10초쯤 기다려도 말하지 못하는 경우에는 끝낸다. | 정답마다 다음과 같이 점수 부여<br><br>정답 수 10개 이상 ·········· 5점<br>정답 수 9개 이상 ·········· 4점<br>정답 수 8개 이상 ·········· 3점<br>정답 수 7개 이상 ·········· 2점<br>정답 수 6개 이상 ·········· 1점 |
| 합계 득점 | 점 |

30점 만점에서 19점 이하일 때, 치매 가능성이 크다고 판단됩니다. 또, 치매의 중증도별 평균 점수는 치매 아님 : 24.3점, 경도 치매 : 19.1점, 중등도 치매 : 15.4점, 약간 고도 치매 : 10.7점, 고도 치매 : 4.0점입니다. (개정 하세가와식 간이 치매 평가 척도(HDS-R) 작성 《노년정신의학회잡지》를 토대로 작성)

# 치매 환자가
# 마음속으로 느끼는 것

## 모두 길을 잃은 여행자처럼
## 불안해하고 있다

한 번 상상해 보십시오. 당신은 혼자서 처음 해외여행을 떠났습니다. 그 나라의 언어는 전혀 모르고 지도도 없는 채로 말이죠. 그런데 당신은 길까지 잃었습니다. 주변에는 알아듣지 못하는 언어로 이야기하고 일면식도 없는 사람들로 가득합니다.

'어떻게 하면 좋지? 앞으로 어떻게 되는 걸까?'
'아아, 한심해. 혼자서는 아무것도 못하는구나.'

'부탁이야, 누구든 내가 곤란하다는 걸 알아봐 줘!

내 이야기 좀 들어 줘!'

이것이 바로 치매 환자가 느끼는 마음속 상태입니다.

특히 치매 초기에는 자신의 이변을 자각하는 사람이 많다고 알려져 있습니다. 지금까지는 아무렇지 않게 할 수 있었던 일을 할 수 없게 되어 누군가의 도움이 필요해진 현실에 '한심하다' 라고 한탄하는 것도 어찌 보면 당연한 일입니다.

## 불안, 고독과 공존하는 자존심을 잊지 마세요

치매를 앓는 사람은 환자이자 동시에 한 명의 어른이기도 합니다. 그래서 도와주는 가족에게 '폐를 끼쳐서 미안하다' 라거나 '어떻게든 도움이 되고 싶다' 라고 생각합니다.

혹시 기억 장애나 지남력 상실 등 다양한 문제를 안고 있는 치매 환자가 '도움이 되고 싶다' 라고 생각하는 것이 이상하게 느껴지시나요?

여기에서 잊지 말아야 할 것은 치매가 발병하더라도 한 개인으로서의 존엄과 자존심은 사라지지 않는다는 것입니다.

일방적으로 폐를 끼치는 존재가 아니라 한 사람으로서 당연히 사회나 타인을 위해 공헌하고 싶다고 생각합니다.

따라서 치매 환자와 같이 있는 가족인 경우 매일 마주하다 보면 여유가 없어지거나 지쳐서 힘들 때도 있겠지만, 치매 환자와 대할 때는 존엄과 자존심의 존재를 부디 잊지 마시기 바랍니다.

## 가족들을 알아보지 못하더라도
### '감정'은 남아 있습니다

예전에 약 300명의 치매 입원 환자에게 설문조사를 실시했습니다.

'가끔은 병원 밖으로 외출해 보고 싶지 않으신가요?' 라고 질문하면 대부분 '네, 하고 싶어요' 라고 대답합니다.

'본인 집에서 외박하고 싶나요?' 라는 질문에도 '네' 라고 대답하는 환자가 다수였죠. 또 어떤 환자에게 '어느 정도 외박을 원하시나요?' 라고 물으니 '2, 3일 정도' 라고 대답했습니다.

'그럼 퇴원을 원하시나요?' 라고 이어서 물으니 '아뇨, 그러면 혼나서요……' 라고 대답했습니다.

치매 환자는 능숙히 해내지 못하는 일이 많이 있습니다.

식사 하나라도 수저를 제대로 사용하지 못하게 되어 음식을 흘리거나 먹을 때 쩝쩝 소리를 내거나 접시를 엎기도 합니다.

환자가 느끼기에 '2박 3일' 정도라면 가족들에게 '잘 왔어요, 할머니!' 라며 환영을 받고 '어머, 괜찮아요?' 라며 흔쾌히 보살핌을 받을 수 있는 기간이라고 생각하기 때문이라고 생각합니다.

하지만 아무래도 3일을 넘어가면 가족들도 한숨을 쉬거나 '더러워지니까 흘리지 마세요', '밥 먹을 때는 소리 내지 마요!' 라며 혼나겠다고 생각하는 환자도 많은 듯했습니다.

본래는 자신이 원하는 시간에 자유롭게 할 수 있었던 배설조차 '기저귀 갈기 힘드니까 소변이랑 대변은 한 번에 해

줘요!' 라는 말을 들으면 치매 환자가 상처받을 수밖에 없습니다.

아무 것도 모르는 분은 아래처럼 반문할 수도 있습니다.
'상처받아? 치매 환자는 아무것도 모르는 상태잖아?'

이것은 완벽한 오해입니다. 치매 환자도 간병인과 다를 바가 없습니다. 혼나면 무섭고 슬퍼지니 가능한 한 혼내지 않도록 해야 합니다.
인지 능력이 저하했다고 해서 희로애락의 감정까지 없어지지는 않습니다. 따라서 앞서 언급한 일화처럼 아무리 집이 그리워도 퇴원이 아니라 2박 3일이라는 기간 한정 귀가를 원하게 되는거죠.

모든 인간은 사람으로서의 존엄을 유지하고 너른 마음으로 인생을 보낼 수 있도록 'QOL', 'Quality of Life(퀄리티 오브 라이프)', 즉 '생활의 질'을 향상시키는 것이 중요합니다.
매일 이어지는 간병에 몰두하다 보면 아무래도 지칠 수밖에 없어서 이를 쉽게 잊어버리고는 합니다. 하지만 치매 환자이든, 간병인이든 QOL 향상은 사람으로서 동등하기를 바라는 바임을 마음에 새겨두기 바랍니다.

# 화를 내고 배회한다……
## 난처한 행동을 멈출 수 없는 이유

## 음모나 악의는 물론이고
### '자각'조차 없는 것이 치매

'치매 환자가 감정은 결함되어 있지 않다는 건 알겠지만, 비상식적인 행동을 벌이면 상냥하게 대하기 힘들어!'

간병인도 치매 환자와 같은 인간이니 난처한 일이 계속 일어난다면 분노가 치밀고 화를 내고 싶을 수밖에 없습니다.

짜증이 나거나 '더는 못 하겠어!' 라고 생각하는 자신을 부디 책망하지 마십시오.

하지만 그럼에도 알아야 할 점은 치매 환자의 난처한 행동에는 어떠한 악의도 없다는 사실입니다.

이야기가 통하지 않는 것도, 간병인을 곤란하게 하는 행동도, 그 사람이 의도적으로 하려 하는 것이 아니라 치매의 한 가지 증상입니다.

행위를 받아들이는 측에서는 '그런 일을 벌여서 어쩌겠다는 거야?' 라고 말하고 싶겠지만, 결론부터 말하면 치매 환자가 벌이는 행동은 당신에게 '어쩌려는 생각이 없다' 라는 뜻이라는 것입니다. 치매의 단계에 따라 다르겠지만, 기본적으로 문제가 되는 행동을 벌이고 있다는 자각조차 하지 못한다고 생각해야 합니다. 왜냐하면 그 자각조차 하지 못하는 것이 다양한 감각이나 이성을 담당하는 뇌 부위를 침범하는 치매의 본질인 셈이기 때문입니다.

치매의 행동, 심리증상(BPSD)은 '주변증상'이라고도 불리며, 33페이지에서 설명했던 중핵증상이 원인이 되어 나타납니다. 단, 치매 환자의 원래 성격이나 현재 심리 상태, 환경에 따라 나타나는 방식은 각기 다릅니다.

'저 할아버지는 점잖은데 왜 우리 아빠는!' 등과 같이 다른 사람과 비교하지도 말아야 합니다.

## '그만해!' 라고 말하면
### 관계성만 악화될 뿐

치매 증상 중에는 멋대로 밖으로 뛰쳐나가 결국 행방불명될 위험성도 있는 '배회' 라는 증상이 있습니다. 간병을 하는 사람에게 정신적으로나 체력적으로나 감당하기 힘든 증상이죠.

'밖에 나가면 안 된다고 했잖아요!', '어디에 가는 거예요! 여기가 본인 집이잖아요!' 라고 아무리 설득해도 해결되지 않습니다.

하지만 배회를 반복하는 치매 환자에게는 본인 나름의 이유가 있습니다. 가장 많은 사례는 기억 장애나 지남력 상실 때문에 '현재'가 아니라 '과거'로 기억이 되돌아가 지금 사는 집이 다른 사람의 집처럼 느껴지는 경우입니다.

'다른 사람 집에 계속 있고 싶지 않아', '우리 집에 가고 싶어', 그래서 '이 집을 나가야만 해!' 라고 생각하게 되는 것이죠. 본인에게는 정당한 이유지만, 주변 사람에게는 배회로 느껴질 수밖에 없는 행동입니다.

'내 지갑 훔쳤지!' 라며 화를 내는 '절도 피해망상'은 치매 초기에 많이 나타나는데, 이 시기에는 치매가 진행되어 간다는 불안함에 쉽게 책망하기도 합니다.

'소중한 물건을 잃어버리지 않아야지' 라면서 지갑을 잘 챙겨두는 것까지는 좋지만, 그 후에 기억 장애 때문에 '언제, 어디에, 무엇을 두었는지'를 제대로 기억해내지 못합니다.

그런데 치매 환자 중에는 '소중한 물건을 잃어버리지 않겠다' 라는 강한 의지는 남아 있어서 본인의 불분명한 기억을 보완하기 위해 '분명 누군가가 훔쳤을 거야!' 라고 결론을 내리고 맙니다.

그리고 그 '누군가'는 가장 친한 사람, 응석을 부려도 되는 사람…… 즉, 가장 많이 보살펴 주는 가족들을 향하는 경우가 많습니다. 참 괴롭죠.

이처럼 모든 난처한 행동은 치매 증상 때문에 발생합니다. '그게 아니에요', '그만해요!', '반성해야죠!' 라고 소리를 쳐도 이러한 행동이 줄어들기를 기대할 수도 없고, 관계만 악화할 뿐입니다.

# 치매가 진행되는 사람과 진행되지 않는 사람, 어디에 차이가 있는가

## 무의식적으로 '숨기고' 있지 않나요?

세간에서는 치매에 대한 오해와 편견이 아직 있어 '발병하면 손쓸 수 없다'라고 생각하는 사람도 적지 않습니다. 또 일단 난처한 행동을 일으킨다면 더는 그만두게 할 수 없다고 생각하기도 합니다. 더는 그 사람이 그 사람이 아니게 되어 타인에게는 말할 수 없는 부끄러운 일이라는 오해가 사라지지 않는다는 점이 안타깝습니다.

확실히 현대 의학으로는 치매 발병 전 상태로 되돌리기는 어렵습니다.

하지만 적절한 관리를 통해 치매의 진행을 늦추고, 문제가 될 만한 행동을 줄일 수 있으리라 생각합니다.

의사로서 30년 이상 치매 환자를 진찰해 왔지만, 간병인이 어떻게 관리하느냐에 따라 치매 환자의 행동이 순식간에 바뀌는 사례를 여러 차례 목격했기 때문입니다.

그러려면 우선 무엇보다 중요한 점은 치매를 결코 숨기지 말아야 합니다. '창피해' 하며 위축될 필요는 전혀 없습니다.

치매는 85세 이상 고령자의 약 절반이 발병할 정도로 '매우 흔한 일' 입니다. 집에만 있게 하지 말고 장보기나 산책에 데려나가고 이웃들과 접할 기회를 만듭시다.

사람들을 접하며 대화를 나누면 무엇보다 뇌를 자극할 수 있어 치매의 진행을 늦추는 효과가 있습니다.

이웃들에게 집에 치매 환자가 있다고 제대로 설명하고 협력을 구해두면 안심할 수 있습니다.

'우리 할아버지, 결국 치매라고 진단받았어요. 저희가 집에서 확실히 간병하겠지만, 만약에 우리 할아버지가 혼자서 걸어가거나 하면 바로 저에게 알려 주세요. 수고스러우시겠지만, 아무쪼록 잘 부탁드려요.'

이 한 마디로 치매 환자에 대해 이해를 받을 수 있을 뿐만 아니라 간병인이 잠시 한눈을 판 사이에 배회하고 있을 때 안전망이 되어 줄 수 있습니다.

## 증상을 진행시키는 데에는
### '배려'가 있었다

치매를 악화시키지 않으려면 '괜찮은 줄 알고 했던 행동'을 고치는 것도 중요합니다. 자주 볼 수 있는 사례는 '사실은 치매 환자가 할 수 있는 일'까지 간병인이 해주는 것입니다.

치매 환자는 인지 능력의 저하로 인해 요리나 쇼핑, 청소 등의 집안일이나 차림새에 신경 쓰는 등, 지금까지 아무렇지 않게 해왔던 일을 수월히 해내지 못하게 됩니다.

그 모습을 보고 '분명 못 하겠지', '왠지 힘들어 보이니까' 라며 무엇이든 주변 사람이 대신 해주려는 경우가 많은데 이를 반복하면 증상의 진행 속도가 빨라집니다.

집안일이나 차림새에 신경 쓰는 일 정도는 별거 아니라고 생각할 수 있지만, 스스로 할 기회가 없어진다면 생각하거나 몸을 움직일 기회도 그만큼 줄어듭니다. 이것이 뇌나 신체 쇠약으로 이어져 증상의 진행 속도를 가속화합니다.

환자 스스로 하게 하면 번거롭거나 시간이 걸려서 간병인에게 매우 힘든 일이라는 사실은 알고 있지만, 수월히 하지 못하더라도 시간이 들여서 할 수 있는 일은 가능한 한 본인이 직접 할 수 있도록 두어야 합니다.

할 수 없는 부분만 주변에서 보조해주는 자세가 중요합니다.

## 인지 능력의 저하를 방지하는 데
### 중요한 점

마지막으로 지금까지 30년의 임상 경험을 통해 깨달은 '치매의 악화를 방지하는 데 가장 중요한 점'을 알려드리고자 합니다.

결론부터 말하자면 치매를 진행시키지 않기 위해 중요한 점은 '대화 방식'을 비롯한 치매 환자를 대하는 '의사소통 방식'입니다.

하지만 '도대체 왜 대화 방식이 중요한 건지' 알지 못하는 분도 적지 않을 것입니다. 그럼 순서대로 설명하도록 하겠습니다.


'아이는 부모의 거울'이라는 말이 있듯이 치매 환자와 간병인도 또 다른 '거울'의 관계에 있습니다.

지금까지 만나온 가족 중에도 간병하는 사람이 밝은 분위기를 자아내어 즐겁게 이야기하면 함께 있는 치매 환자도 미소를 짓거나 온화한 모습을 보이는 경우가 대부분이었습니다.

반대로 간병인이 신경질을 내거나 굉장히 괴로워하며 딱딱한 말투로 이야기하면 안타깝게도 치매 환자도 의기소침해하며 어두운 분위기에 휩싸여 있거나, 폭언이나 재활 거부 등이 많고 그다지 상태가 좋지 않은 경우가 많았습니다.


치매 환자의 증상이나 난처한 행동은 '치매' 때문에 일어나므로 간병인에 대한 개인적인 악의나 사회에 대한 반발과는 관련이 없습니다.

따라서 '안 돼!', '폐가 된다는 걸 모르는 거야?!' 등과 같이 고압적인 태도를 취하면 그러한 행동을 개선하는 효과가 없을 뿐만 아니라 치매 환자와 간병인 모두를 궁지에 몰아넣는 악순환에 빠집니다.


간병인도 반사적으로 소리 지른 일로 나중에 미안한 감정이 들어 '어쩌다 이렇게 됐지' 라며 암담한 기분에 휩싸일지도 모릅니다.

치매 환자도 혼내는 소리를 듣고 우울해하며, 방에 틀어박히거나 침울해져서 사람과의 접촉이나 능동적인 행동이 줄어들어 결과적으로 치매 증상이 악화될 수 있습니다. 그런 일이 지속되면 간병 시간이나 수고가 더 들어 간병인 또한 악순환의 고리를 끊을 수 없게 됩니다. 이럴수록 서로에게 안 좋은 일만 생길 뿐입니다.

## 대화 방식과 대하는 방식을 바꿨더니
악화가 멈췄다!

증상에 따라 다르겠지만, 의도적으로 치매 환자의 대화 방식을 바꾸게 하기는 힘듭니다. 하지만 간병인은 '대화 방식의 비결'이나 '핵심'을 익혀서 이야기할 수 있죠.

물론 진행 정도에 따라 달라지겠지만, 간병인이 대화 방식을 바꾸면 치매 환자의 행동은 조금씩 변화하고 치매 증상의 진행도 한없이 늦춰질 것입니다. 어떤 사례 중에는 간병인이 대화 방식과 대하는 방식을 바꿨더니 악화가 멈췄던 경우도 있습니다. 그렇게 되면 간병도 확연히 편해집니다.

대화 방식을 바꿨을 때 얻을 수 있는 구체적인 효과는 다음 장 이후 항목에 자세히 설명하기로 하고, 우선 그 전에 잠시 상상해 보십시오.

당신은 인파가 넘치는 대로변에서 갑자기 눈이 안 보이기 시작했습니다. 게다가 목소리까지 나오지 않습니다. 귀는 들리지만 마음대로 걸을 수도 없어 쭈그려 앉아 버렸습니다.

불안하고 무서워서 엉엉 울고 싶은 심정. 그런데 자신이 할 수 있는 일은 조금이라도 앞이 보이지 않을까 노력해 보는 것뿐……

그때 어떤 2명의 인물이 나타났습니다.

한 명은 상냥한 목소리로 당신의 어깨에 살짝 손을 얹으며 '괜찮으세요? 눈이 아프세요?' 라고 물어봅니다. 당신은 '이 사람이라면 나를 도와줄 거야!' 라고 안심하여 질문에 대답하기 위해서 목소리가 나오지 않아도 고개를 열심히 끄덕여 현재의 힘든 상태를 전하려 할 것입니다.

다른 한 사람은 몸도 움츠러들 정도로 호통을 칩니다.

'이봐! 이런 곳에서 우물쭈물하면 방해된다고! 다른 데로 좀 가!'

분명 그 사람에 대한 공포뿐만 아니라 호통치는 사람을 막으려 하지 않는 군중의 존재까지 느끼며 차가운 고독감도 커질 것입니다.

짐작했겠지만, '당신의 상태'는 치매 환자의 상태를 암시하고 있습니다.

치매 환자는 시력이 나쁘지 않더라도 사람의 표정을 잘 읽어내지 못합니다. 아무런 말도 하지 않는 사람은 무관심하다고 느끼죠. 또, 자신의 힘든 상태를 언어로 잘 표현하지 못합니다. 이럴 때, 상냥한 목소리로 곤란한 상황에서 벗어날 수 있도록 적절히 말을 걸어주면 얼마나 안심이 될까요?

마음이 조금이라도 진정되면 불안이나 공포 때문에 심하게 난폭해지거나 이성을 잃을 일이 없어집니다.

정도의 차이는 있겠지만, 치매 환자도 마찬가지라 할 수 있습니다. 간병인의 적절한 대화 시도를 통해 곤란한 상황에서 벗어나면 불안함이 줄어 마음이 진정되고, 그 결과 조금씩이지만 행동이 변화됩니다.

사람으로서의 존엄을 인정하면서 대화를 나누면 치매의 진행이 느려져 결과적으로는 간병인의 마음에도 여유가 생깁니다. 30년에 걸쳐 치매 환자와 간병인을 봐온 저는 그렇게 확신하고 있습니다.

# 치매 환자가 기뻐하고 간병인에게도
# 도움이 되는 재활 방법 - '회상법'

누구든 지금까지 살아오며 자신만의 기나긴 역사를 가지고 있을 것입니다. 그 역사를 떠오르게 하는 재활치료가 바로 '회상법'입니다.

치매 환자는 옛날 이야기를 자주 꺼내곤 하는데, 회상법은 그러한 옛날 이야기를 많이 끌어내는 것이 핵심입니다. 치매 환자에게는 '특기 분야'이며 간병인에게는 간병에 도움이 될만한 힌트가 많이 쌓여 있는 환자의 생활 이력을 수집할 수 있는 둘도 없는 기회가 됩니다.

### 회상법 진행 방법

그룹 회의 형식 또는 1대1로 진행합니다. 치매 환자의 청춘 시절에 유행했던 영화나 음악을 틀거나, 인기 있었던 연예인 사진을 보여주거나, 가족 앨범을 준비하거나, 예전에 길렀던 반려동물 사진을 보여주는 등 생각이 떠오르는 계기가 될만한 물건을 준비합시다.

또 이야기를 듣기 전에 메모도 준비합니다. 귀를 기울여 집중하여 확실히 '경청'하면서 중요한 부분에서 기록을 남깁니다.

### 회상법으로 수집하는 정보

업무 이야기 등 특별히 분야로 정할 필요는 없습니다.

초등학교 때 잘했던 과목, 고교 시절 부 활동, 배우자와 연애하게 된 계기, 업무 중에 힘들었던 일, 육아 중 일화 등 무엇이든 좋습니다. 커다란 사건일 필요는 없으니 절로 미소가 짓게 되는 가족 일화도 꼭 수집해 봅시다.

## '환자의 역사' 정리하기를 목표로

아무렇게나 생각나는 대로 이야기하다 보면 똑같은 이야기를 반복해서 말하기 일쑤입니다. 그럴 때는 '삶의 역사를 정리해드리려고 하는데 아직 들려주지 않았던 신혼 시절 이야기를 들려줄 수 있을까요?' 등과 같이 이야기를 능숙히 제시하여 살며시 과거의 기억을 떠오르게 해(뇌를 자극해) 봅시다.

## 회상법의 이점

회상법에 따라 과거를 떠올리면 뇌에 자극을 주어 치매 악화를 늦추는 효과를 기대할 수 있습니다.

또 간병인에게도 난처한 행동의 원인을 찾는 실마리가 되거나, 개인에 맞는 간병 방법을 파악하는 힌트가 되기도 합니다.

환자의 역사를 정리하려면 몇 개월 소요되겠지만, 차를 마시는 시간 등을 이용하여 느긋하게 옛날 이야기를 들어

봅시다.

'오, 그랬군요? 그 이후에 어떻게 됐어요?' 등과 같이 대화를 주고받으며 이야기꽃을 피워 보십시오.

## 제 2 장

치매 진행을 방지하는 열쇠는

# '대화 방식'에 있다

# '일상 대화'와 '인지 능력'간
## 의외의 관계성

청춘 시절에 사귀었던 남자친구나 여자친구는 기억하는데 정작 현재 배우자는 기억하지 못하거나, 떠올리지 못하거나, 존재를 인식하지 못하기도 합니다. 왜냐하면 젊은 시절에 대뇌피질에 새겨진 남자친구나 여자친구의 기억은 남아 있지만, 그 후에 새겨진 배우자와 보냈던 일상 기억은 완전히 잊어버리기 때문입니다…….

이처럼 '확실히 존재했던 소중한 무언가를 잊어 가는 것'이 치매입니다. 일단 잊어버리면 비가역적, 즉 다시 떠올릴 가능성은 희박합니다.

따라서 치매의 치료와 간병은 증상이 가능한 한 초기 단계일 때 진행을 늦추고, 치매 환자가 최소한으로 잊을 수 있도록 대처하는 것이 중요합니다.

아마도 많은 분이 이런 의문을 가질 수 있을 수도 있을 것입니다.

'대처하라고 해도 의료 지식이나 간호 기술이 없는 일반인이 무엇을 할 수 있을까?'

제1장에서도 언급했듯이 지금 당장 할 수 있는 '대처'로 효과적인 방법은 '치매 환자 관련 대화 방식을 바꿔보는 것'입니다. 앞서 여러 번 언급했지만, 초기 단계부터 간병인이 대화 방식을 바꿔주면 좋습니다.

치매에 걸리면 '아무것도 알 수 없게 된다', '더는 무슨 말을 해도 소용없다'라고 많이들 생각하지만, 초기 단계에서는 아직 인지 능력 대부분이 유지되고 있는 상태입니다.

이 시기에는 아직 대화도 비교적 원활히 할 수 있고, 간병인의 대화 시도도 효과적인 편입니다. 또, 치매의 치료나 대책은 기본적으로 초기일수록 효과가 잘 나타납니다. 이는 대화 방식 변경 면에서도 예외는 아닙니다.

## '대화 시도'에는
### 뇌의 능력 저하를 억제하는 효과가 있다

"가능한 한 이른 단계에 대화 방식을 바꾸는 것이 중요하다는 건 알겠는데 애초에 '대화 방식을 바꾸는 것'이 인지 능력을 저하시키지 않는 데 왜 중요하지?"

이렇게 생각하는 사람도 많습니다. 그럼 순서대로 설명하도록 하겠습니다.

치매는 뇌의 능력 저하로 인해 일어나는 증상입니다. 결국 뇌의 능력 저하를 억제하는 것이 무엇보다 중요하다는 뜻입니다. 그러려면 뇌에 적절한 자극을 주어야만 하죠.

뇌에 자극을 주는 데 가장 적절한 방법은 사람들과 교류하고 이야기하는 것입니다.

평소에 아무 생각 없이 말하고 있는 말들이겠지만, 대화에는 뇌를 자극하는 요소가 많습니다.

우선 들은 말의 정보를 뇌 안에 전달하여 정보를 처리하고 무엇을 이야기할지 생각해서 새로운 말을 내보내면 뇌를 폭넓게 사용할 수 있습니다. 이는 뇌에 아주 자극이 됩니다.

치매 환자와의 대화에서는 의미가 완전히 통하지 않을 때도 있습니다. 하지만 그래도 서로 말을 나누면 사소하게나마 뇌를 자극할 수 있습니다.

그렇다고 해서 대화를 계속 이어 나가려고 하면 간병인도 지치겠죠. 그렇다고 포기할 필요는 없고 치매 환자와 대화를 '지속하는 비결'이 있으니 간병인이 그것을 파악하고, 대화 방식을 의식적으로 바꾸는 것이 중요합니다.

또, 치매에 걸리면 언어 능력이 떨어져서 말하기 좋아했던 사람이 말수가 적어지는 경우도 있는데 널리 알려진 바와 같이 사람의 몸은 사용하지 않는 부분의 능력이 점점 감소합니다.

말수가 적어진 채로 방치하면 순식간에 언어 능력을 잃을 수 있으니 현재의 인지 능력을 더 저하시키지 않으려면 간병인의 적극적인 대화 시도가 필요합니다.

이 책을 읽는 분 중에 '대화 시도라면 매일 하고 있는데……?' 라고 생각하는 분도 있을 것입니다.

그렇게 매일 대화를 시도하는 분일수록 '인지 능력에 대처하는 대화 방식'을 꼭 알아두어야만 합니다.

저는 말을 걸 때 단어만 조금 바꿔줘도, 비결을 조금만 알고 있어도, 일상적인 대화 시간을 두뇌 트레이닝 시간으로 바꿀 수 있다고 생각합니다.

# 대화에서 생겨나는
## '행동'의 이점

## 적절한 대화 시도가
### '무언가를 하고 싶게' 유도한다

대화의 이점은 지금까지 설명했던 내용뿐만이 아닙니다. 대화가 계기가 되어 '어떠한 행동으로까지 옮기게 되어' 뇌에 큰 자극을 줍니다.

◆ 간병인의 적절한 대화 시도를 통해 치매 환자가 취미였던 바느질에 간만에 도전할 수 있었다.

◆ 간병인과 대화를 나누는 도중에 가고 싶은 장소가 생겨, 치매 환자의 외출 기회가 늘었다.

이처럼 대화를 통해 나타나는 행동은 치매 환자의 뇌를 통해 자극하기도 합니다.

간병인이 대화 방식을 바꾼다 ➡ 의사소통이 원활해진다 ➡ 치매 환자가 행동으로 옮기는 계기가 된다…….

물론 증상이나 진행 정도에 따라서는 위와 같은 단계가 수월히 진행되지 않을 수 있습니다. 하지만 간병인이 대화 방식을 바꾸는 것에는 이러한 이점도 있다는 사실을 알아두시기를 바랍니다.

지금까지 대화의 소중함을 설명했습니다.

치매 환자와는 분야를 가리지 않고 가능한 한 많이 대화하는 편이 좋지만, '가능하면 피해야 할 대화 방식'도 있습니다. 다음 항목에서는 '주의해야 할 대화 방식'을 소개하고자 합니다.

# '좋을 줄 알고 했던' 대화 방식이
## 치매를 악화시킨다?!

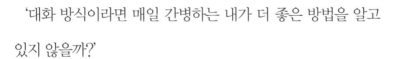
### '노년층에 좋다' 라고 알려진 대응 방식이
꼭 정답은 아니다

'대화 방식이라면 매일 간병하는 내가 더 좋은 방법을 알고 있지 않을까?'

매일 간병을 맞닥뜨리는 분이라면 이렇게 생각해도 이상할 것이 없습니다. 하지만 병원에 있는 치매 환자와 그 가족을 보고 있으면 때때로 '좋으리라 생각해서' 해왔던 행동이 증상을 악화시킨다고 느껴질 때도 발생합니다.

그래서 '흔히 말해 역효과'를 주는 대화 방식을 소개하도록 하겠습니다.

 **NG** 잘 들을 수 있도록 큰 소리로 부르거나 말한다.

노년층은 노화 현상으로 인해 청력이 안 좋아지는 경우가 많습니다. '할머니가 잘 못 듣는다' 라는 이유로 할머니의 등을 향해 '할머니!' 라고 큰 소리로 불러서는 안 됩니다.

치매 환자뿐만 아니라 고령자는 일반적으로 고음에 취약합니다.

고음은 불쾌하게 느껴지고 시끄러운 소리처럼 들리는 것으로 알려져 있습니다. 제가 만난 환자 중에는 예전에는 어린아이들을 좋아했는데 노인이 되어 치매를 앓게 되자마자 어린아이들의 소리에 '시끄러워!' 라며 호통을 치게 되었다는 분도 있었습니다.

일반적으로 낮은 목소리는 무섭다는 인상이 있어 다가가기 힘들 뿐만 아니라 내용이 잘 전달되지 않아 일부러 톤을 높여서 말하는 것이 어르신들을 위한 배려라고 알려져 있습니다. 하지만 치매 노인은 그렇지 않으니 목소리가 높은 여성분은 목소리를 한 단계 낮춰서 이야기해 보시기 바랍니다.

제대로 이해시키려고 장황하게 설명한다.

치매 환자는 긴 문장에 약합니다.

'병원에 도착하면 코로나 예방을 위해 입구에서 소독 스프레이를 사용하자' 라는 문장을 예로 들어 보겠습니다.

이 문장 속에는 '병원에 도착', '코로나 예방', '입구', '소독' 등 여러 키워드가 있습니다. 치매 환자는 한 번에 많은 정보를 들으면 바로 이해하지 못합니다.

그냥 '자, 소독합시다' 라고 말한 후에 병원 입구 소독 코너로 천천히 유도만 해줘도 충분합니다.


이해하지 못하면 이후의 대화와 행동으로 이어질 수 없습니다. 이러한 패턴이 반복되면 서로 말하기 꺼려져서 대화가 단절되고, 결국 자극받지 못한 뇌 안에서 치매가 진행될 것입니다.

**NG** 상대방을 존중하는 마음에 대답을 바라면서 질문을 한다.

치매 전문시설에 입소해 있는 할머니에게 가족들이 이런 질문을 해왔습니다.

'점점 추워지네요. 따뜻한 옷을 가져올까요? 어떤 옷이 좋으세요?'

가족의 섬세한 애정이 느껴지는 말이지만, 치매 환자는 '집에 있는 따뜻한 옷'을 떠올려서 말로 꺼내서 지시하기 힘들어합니다.

이때 적절한 대화 방식은 '점점 추워지네요. 좋아하셨던 따뜻한 겉옷 가져올까요?'와 같이 전달하는 방식입니다. 이 대화 방식이라면 '겉옷을 가져온다', '겉옷을 가져오지 않는다' 중에 선택해서 대답할 수 있습니다.


'이왕 물건을 가져올 거면 본인에게 선택하라고 해야지', '좋아하는 옷을 입으면 기분이 좋아질지도 몰라' 라며 치매 환자를 존중하여 조금이라도 쾌적한 환경을 조성하려는 마음은 충분히 이해됩니다! 하지만 치매 환자가 대답할 수 없는 질문을 하기보다는 대답할 수 있는 질문으로 기분을 좋아지게 하려고 노력해야 더 원활하게 의사소통할 수 있습니다.

'어떻게 하지? 뭐라고 말해야 되지?' 라고 치매 환자가 곤혹스러워할 일도 없습니다. 곤혹스러움 → 대화가 제대로 이루어지지 않음 → 뇌에 대한 자극이 두절됨 …… 이렇게 되면 치매 진행도 늦추기 힘듭니다.


치매 환자와 이야기할 때는 '상대가 이야기를 이어 나갈 수 있도록 이야기한다.' 이것이 핵심입니다. 대화가 즐겁게 이어지는 것이 중요하므로 초기 치매에 환자가 이야기할 수 있을 것으로 판단된다면 앞서 든 예시처럼 질문해도 괜찮습니다. 환자의 상태에 맞게 대화 방식을 신경 씁니다.

그러려면 '우리 할머니는 알츠하이머 치매 중기로 실어가 진행되고 있다' 등과 같이 치매 관련 지식, 실제 치매 환자의 증상 특징 등을 확실히 파악해야 합니다.

# 인지 능력을 향상시키는
## '정동(情動)+긍정(肯定)'을 활용한
## 대화 방식

**'정동'에는 난처한 행동을 줄이고**
**진행을 늦추는 힘이 있다!**

지금까지 인지 능력을 높이기 위해 간병인의 대화 방식 변경의 중요성을 설명했습니다. 그렇다면 대화 방식을 어떻게 바꾸면 좋을까요?

인지 능력을 높이기 위한 대화 방식에서 빼놓을 수 없는 키워드는 '정동'과 '긍정'입니다. 우선 정동에 대해 이야기해 봅시다.

정동(情動)이란 말은 일상생활에서 자주 사용하는 단어는 아니죠.

앞서 '치매 환자에게도 감정이 있다' 라고 여러 차례 언급했는데 그 말 자체가 정동을 의미합니다. 정동이란 감정의 유형 중 하나로, 일반적이면서 급격한 감정을 가리킵니다.

구체적으로 말하자면 분노, 기쁨, 슬픔, 공포, 불안 등의 격한 감정의 움직임을 말합니다. 영어로는 '이모션(emotion)', 어원은 라틴어의 '동요시킨다'에 해당합니다.

그야말로 '마음이 순식간에 동요된다' 라는 뜻입니다.


치매 환자는 기억을 잃어 자신이 어디에 있는지 알지 못하고 구두끈도 묶지 못하게 되더라도 큰 소리로 혼이 나면 '무서워' 하고, 부드럽게 손을 잡아 '괜찮아요' 라고 말을 걸어 주면 '기뻐' 합니다. 이처럼 정동은 갑자기 사라지지 않고 환자에게 분명히 남아 있습니다.


기쁨과 즐거움 등의 긍정적인 정동을 체험하면 치매 환자의 난처한 행동이 줄어들면서, 증상의 진행이 억제되는 모습이 의학적으로도 주목을 받으며 연구가 끊임없이 진행되고 있습니다.

"그건 허울뿐인 얘기 아닌가? 치매 환자인 우리 할아버지가 갑자기 화내면서 난폭하게 굴면 '그만 하세요!' 라고 소리 지를 수밖에 없잖아?"

맞는 말입니다. 간병인이 소리 지르고 싶은 마음은 충분히 이해됩니다. 하지만 그런 분일수록 여유롭게 간병할 수 있으려면 지금이라도 대화 시도 방식을 한 번 재검토해 보시기 바랍니다.

치매 환자가 긍정적인 정동을 체험할 수 있도록 적절한 대화 방식과 대하는 방식을 취할 수 있게 된다면 난처한 행동이 줄어들 가능성이 늘어나고, 더 나아가서는 간병인의 심신의 부담도 줄일 수 있는 실마리가 됩니다.

치매의 악화를 방지할 수 있을 뿐만 아니라 서로가 더 '여유'를 찾기 위해서라도 치매 환자가 조금이라도 '기쁘다', '즐겁다'라고 느낄 수 있도록 대화 방식을 취하는 것이 중요합니다.

치매 환자와 이야기할 때 또 하나, 중요한 키워드는 '긍정'입니다. 도대체 무슨 뜻일까요?

기억 일부가 사라지거나, 다른 사람에게는 보이지 않는 무언가가 보이는 것(환시)이 치매입니다. 그래서 아까 먹었던 아침밥을 먹지 않았다고 말하기도 하고, 모르는 사람이 다가오면 무섭다며 두려움에 떨기도 합니다.

"아침밥은 30분 전에 먹었어요!"

"아무도 없어요, 정말 왜 이러세요?"

그럴 때마다 간병인은 위와 같이 현실과의 차이를 지적하는 경우가 많습니다.

하지만 치매 환자에게는 기억이 존재하지 않으니 실제로 아침에 먹었던 음식물이 위 속에 있어도 '아침밥을 먹지 않았다' 라고 인식합니다.

뇌의 능력장애로 인해 다른 사람의 눈에는 보이지 않는 수상한 사람이 눈앞에 나타나서 무서울 수밖에 없습니다. 부정당하면 '이 사람은 내 이야기를 제대로 들어주지 않아', '내 고통을 알아주지 않아!!', '나를 전혀 도와주려 하지 않아!' 라고 생각하며 점점 간병인에 대해 불신이 쌓입니다.

그것이 초조함으로 변해 폭력적인 행위나 폭언이 되거나, 반대로 무기력해져 방에 틀어박히려 한다면 무엇 하나 좋은 것이 없습니다.

또, 부정당하면 의사소통 중에 '절망감을 느끼는' 환자도 있습니다.

'많은 부분을 인지하지 못하게 된 치매 환자가 절망감은 느낄 수 있다고?' 라고 생각할 수도 있을 것입니다. 여러 번 언급했듯이 치매 환자의 내면에는 감정이 확실히 남아 있습니다.

대화 중에 절망감을 느끼는 일이 많아지면 치매 환자는 의사소통 자체를 피하게 될 수 있습니다. 그 결과, 다른 사람과의 대화나 행동이 줄어들어 인지 능력 저하에 박차를 가할 수도 있습니다.

치매 환자가 아니더라도 '그렇고 말고요', '그렇네요!'와 같이 부정적인 반응이 아니라 긍정적인 반응을 들으면 가슴을 쓸어내리거나 안심하게 됩니다. 그리고 긍정해 준 사람에게 친근함을 느끼고 신뢰하게 되죠.

간병을 받는 사람과 하는 사람 사이에 신뢰가 사라진다면 애초에 좋은 간병은 있을 수 없습니다. 그리고 신뢰를 잃으면 대화뿐만 아니라 관계 자체가 서서히 최소화되어 자극받지 못하는 인지 능력도 점점 저하되어 갑니다.

대화 중에 상대(치매 환자)를 긍정하는 일은 치매 환자와 간병인을 이어주는 중요한 연결고리가 될 뿐만 아니라 치매 환자가 '이야기하고 싶어지는' 환경을 조성하기 위한 기반이 됩니다. 뇌를 자극해주는 대화가 인지 능력의 개선으로 이어진다는 사실을 다시 한번 기억해 주시기 바랍니다.

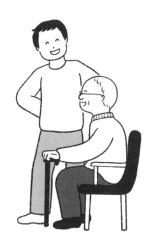

# '정동+긍정의 대화 방식'을
## 실현하는 방법

## '그런 건 무리야!' 라는
### 생각이 들었을 때 해야 할 일

치매 환자와 이야기할 때 아무리 '정동'과 '긍정'이 중요하다고 하더라도 매일 치매 환자를 마주하다 보면 이야기가 통하지 않아 짜증이 나거나 똑같은 이야기를 몇 번씩 해야 해서 대화 자체가 고통스러울 때도 있습니다.

당연히 그럴 수밖에 없습니다. 하지만 거기에서 생겨나는 짜증을 치매 환자에게 그대로 전달해 버리면 사태만 악화될 뿐입니다.

그래서 지금부터는 '긍정적인 정동을 느낄 수 있도록 치매 환자에게 긍정적인 대화 방식'을 실현하는 데 중요한 3가지 방법을 소개하고자 합니다.

치매 환자와의 대화 중에 짜증이 나거나 과도하게 난처한 행동 때문에 도저히 상냥하게 대화를 시도할 수 없을 때, 여기에서 소개하는 방법을 떠올려 보십시오.

### ❶ 상대의 감정에 휘말리지 않는다

치매 환자 중에는 갑자기 화를 내거나, 생각지도 못한 말을 꺼내거나, 갑자기 딴소리하는 사람이 많습니다.

'최선을 다하고 있는데 왜 이러는 거지?', '무슨 오해할 만한 이야기라고 했었나?', '내가 뭘 잘못했다는 거야!'

이처럼 다양한 감정이 간병인의 마음속에서 휘몰아칠 수밖에 없습니다. 그래도 마음을 진정시키고 냉정을 되찾아야 합니다. '악의나 고의일 리 없어. 모두 증상 때문이야' 라고 말이죠.

이미 잘 알고 계시겠지만, 뜨거운 물에 화상을 입으면 무엇보다 환부의 열을 식혀줘야 합니다. 옷 위에 뜨거운 물을 쏟았더라도 당황해서 옷을 억지로 벗어서는 안 됩니다. 피부가 벗겨져서 치명적인 손상을 입을 수 있으니 우선 옷 위에 차가운 물을 뿌려야 하죠. 우선 열을 식혀야 합니다.

치매 환자를 대응할 때도 마찬가지입니다.

이때 열을 식혀야 할 부위는 바로 간병인의 마음입니다.

'이렇게 돌봐 주는데 내가 밉다니 그게 무슨 말이야!'

이렇게 화가 날 수밖에 없습니다. 하지만 '치매 때문에 폭언하는 거니까 그대로 받아들이면 안 돼', '5분 정도 지나면 기분도 나아질 테니까 그냥 흘려 버리자' 라며 끓어올랐던 감정에 이성이라는 물을 부어 평상심을 유지해야 합니다.

화가 나서 감정에 휩싸여 '무슨 말이야!' 라고 맞받아치면 무모한 말싸움만 벌어지며, 아무리 싸워도 간병인에게는 씁쓸한 마음만 남을 뿐입니다.

또 치매 환자의 마음속에는 '저 사람은 화만 내서 싫어!' 라는 불신감만 쌓일 뿐입니다.

## ❷ 능숙한 '회피'도 대화 기술의 하나

'마음을 항상 차분히 유지해라', '감정에 휘말리지 말라' 라고 말하지만, 저도 상당히 힘든 일이라는 사실은 알고 있습니다.

'더는 못하겠어. 이렇게 통하지도 않는 대화, 이제는 끝내고 싶어!', '계속 이러면 폭발해 버릴 거 같아!' 이렇게 마음이 궁지에 몰릴 때도 있을 것입니다.

치매 환자의 행복도 중요하지만, 간병인의 행복도 그만큼 중요합니다.

게다가 치매 환자가 간병인의 굳은 표정을 보고 새로운 빌미를 발견했다는 듯이 '뭐야, 그 표정은!'이라고 소리친다면 상황이 더 악화될 위험성을 부정할 수 없습니다.

그럴 때는 선조들의 지혜를 따라 해봅시다. 바로 삼십육계 줄행랑…… 그 자리를 '긍정적으로 회피'해 보십시오.

이때 핵심은 긍정적으로 생각하는 것입니다. '더는 이렇게 못 살겠어!', '내가 두 번 다시 돌보나 봐라!' 라는 생각으로 회피하는 것이 아니라, 앞으로도 오랫동안 간병 생활을 지속해 나가며 원활히 이어 나갈 수 있도록 회피하는 것이죠.

치매는 몇 분 전에 있었던 일도 기억해내지 못합니다. 따라서 지금 진행 중인 대화를 멈추고 잠시 시간이 지나면 '없었던 일'이 되기도 하니 이 특징을 잘 이용해 봅시다.

핵심은 치매 환자가 한참 이야기를 이어 나가다가 잠시 숨을 고르며 한 박자 쉴 때를 노리는 것입니다. 절대 도중에 말을 끊어서는 안 됩니다. 반감만 사고 이야기가 끝나지 않을 수 있습니다. 예를 들면……

치매 환자가 '당신 말이야! 내 소중한 반지를 훔쳐 가 놓고 뻔뻔하게 나오는 거야?!'

…… 이때 한 박자 쉬어줘야 합니다!

간병인 '죄송해요, 화장실 가는 걸 계속 참고 있었거든요! 금방 다녀올 테니까 잠시만 기다려 주세요.'

……그러면서 방에서 급하게 나오는 것이죠.

잠시 후에 방으로 돌아오면 반지 도난 사건에 대한 기억이 사라져 있습니다. 치매 환자의 분노가 어딘가로 사라져 버리는 셈입니다. 원래 그런 사건 자체가 일어나지도 않은 일이니 금방 해결될 수밖에 없습니다.

최고의 회피 기술인 '용서받을 수 있는 거짓말'도 잘 사용해 보면 좋습니다.

'어머, 얼마 전에 손주 ○○한테 주신 줄 알았어요!'

'……그랬었나' 라고 대답한다면 거짓말이라도 전혀 문제가 될 일이 없습니다.

❸ '상상력'을 충분히 살려 대화하자

한때 우리 병원 간호부장님은 치매 환자가 난폭하게 구는 등의 난처한 행동을 취하면 이렇게 표현하고는 했습니다.

'머릿속에 털실이 엉켜 있네요.'

치매 환자도 언제든지 뜨개질할 수 있도록 털실을 깔끔히 감아놓고 싶은 마음은 굴뚝 같을 것입니다. '한시라도 빨리 이 얽힌 실을 어떻게든 풀고 싶어', '하지만 나 혼자는 아무것도 할 수 없어', '싫어! 화가 나! 짜증 나!'

그런데 '뭐 하는 거예요!' 라며 무리하게 행동을 제지하며 얽힌 털실 끝을 억지로 잡아당기면 더 풀기 힘든 상태만 만드는 악순환이 시작된다고 간호부장님은 말했습니다.

엉킨 털실은 억지로 잡아당기지 말고 '여기를 풀면 되려나?', '여기를 살짝 잡아당기면 되겠다' 등과 같이 이곳저곳을 조심스럽게 손을 써보면 자연스럽게 엉킨 부분이 풀어집니다.

마찬가지로 난처한 행동을 일으키는 치매 환자의 '머릿속 엉킨 털실'을 풀려면 '무엇이 원인일까?'를 상상하여 원인을 찾아야 합니다.

근무했던 병원에 대소변 실수로 더러워진 잠옷을 침대 아래에 쌓아 두었던 환자가 있었습니다. 그 환자는 밤에 잠옷을 몰래 들고나와 병원 안을 돌아다녔습니다. 실수를 은폐하려던 것이 아니라 직접 세탁기에 가져가서 세탁하려던 것이었습니다.

하지만 세탁기가 놓여 있는 장소를 찾지 못해 포기하고 병실로 돌아가 '나중에 다시 세탁기를 찾으러 가자' 라는 생각에 우선 침대 밑에 쌓아 두었던 더러운 옷이 발견되었던 것이죠……. 환자는 물건을 숨겨서 사람들을 곤란하게 하려던 것이 아니라 가족이나 주변 사람을 신경 쓰는 상냥한 마음씨에 나온 행동이었습니다.

이런 행동에 '뭐 하는 거야! 이런 데에 숨겨두면 더 더러워지잖아!' 라고 소리를 지르면 상냥한 마음씨가 사라질 뿐만 아니라 왜 화를 내는지 이해조차 하지 못하게 됩니다. 치매 환자를 대할 때는 상상력을 풍부하게 발휘해야 합니다.

치매 환자는 개인적인 악의로 문제가 될 만한 행동을 일으키지는 않습니다. 엉킨 털실 끝에는 행동을 일으키는 원인이 있습니다. 그 원인은 바로 가족이나 주위 사람을 위한 배려였을지 모릅니다.

그 사실을 알아채고 '대화'할 수 있게 된다면 치매 환자의 뇌를 자극할 수 있어 인지 능력도 개선될 것입니다.

그리고 그렇게 상상하다 보면 혹독함과 고통뿐인 간병에서 벗어나는 계기가 될 수 있습니다.

# '자세'와 '빈도'가 대화를
## 확연히 바꿔준다

## 구체적인 기술을
### 알아두자

대화 방식이 중요하다는 점은 어느 정도 파악되었을 테니 지금부터는 조금 더 구체적인 대화 방식 기술을 다뤄 보고자 합니다.

우선 소개할 내용은 대화를 시도할 때의 '기본적인 자세'와, 이어서 '대화 시도 빈도'에 대해 이야기해 보겠습니다.

마음가짐만 확실히 해도 실제로 이야기할 때의 자세나 빈도가 목적에 맞지 않으면 원활한 대화는 불가능합니다. 하나씩 살펴보겠습니다.

치매 환자에게 대화를 시도할 때는 장소나 대화 내용과 상관없이 가능한 한 94페이지의 자세를 신경 써야 합니다.

절대로 피해야 할 행동은 뒤에서 갑자기 말을 걸어서 치매 환자를 놀라게 하는 것입니다.

또, 너무 큰 목소리로 말을 걸면 내용과 상관없이 호통을 치거나 혼을 내고 있다고 오해를 받을 수 있으니 주의해야 합니다. 표정은 부드러운 미소를 지어 주면 가장 좋습니다.

그리고 길게 이야기하지 말고 요점만 간단히 해야 합니다. '시간이 다 됐으니 텔레비전 방송이 끝나면 화장실에 갈까요?' 보다 텔레비전 방송이 끝나는 시간에 '같이 화장실에 갈까요?' 라며 내용만 간단히 전달합니다.

만약에 잘 못들은 거 같다면 귀 가까이에 대고 다시 이야기합니다.

# 대화 방식의 '기본 자세'

언제나 의식해야 할 대화 방식의 기본 자세. 집, 외출 장소, 어디에서든 가능한 한 다음과 같이 대화를 시도합시다.

**❸ 텔레비전이나 라디오는 음량을 낮춘다.**

말을 걸 때 목소리가 잘 들릴 수 있도록 다른 소리의 영향을 최대한 받지 않는 장소를 선택하거나 음량을 낮춘다.

**❶ 상대방의 앞에서 시선을 맞춘다.**

치매환자와의 거리는 1.2~1.4m가 가장 좋다. 시선이 맞을 수 있도록 허리 또는 무릎을 굽혀서 조절한다.

**❷ 천천히 낮은 목소리로 말한다.**

고령자에게 카랑카랑한 목소리는 불쾌하게 들릴 수 있다. 한 톤 낮은 목소리로 천천히 이야기하자.

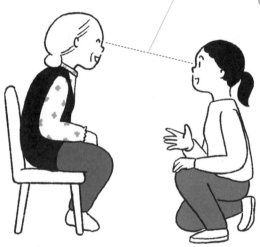

**❹ 대화 간격을 중요시한다. 상대방의 말은 끊지 않는다.**

대화 도중에 환자가 이야기하고 싶어 한다면 본인의 이야기를 멈춘 후, 기다리는 자세를 취한다. 환자의 말을 끊어서도 안 된다.

**❺ 어려운 말은 쉬운 말로 바꿔서 말한다.**

예를 들어 스마트폰은 휴대전화 또는 전화라고 바꿔 말한다. 특히 외래어는 예전부터 사용했던 익숙한 일상용어로 변환해서 말한다.

자세 다음으로 파악해 두어야 할 부분은 대화 빈도입니다.

치매 환자 또는 간병인의 성격이나 생활 방식에 따라 달라지겠지만, 가능한 한 1시간에 한 번은 간병인이 치매 환자에게 대화를 시도하면 좋습니다.

혹시 많다고 생각하시나요?

말을 걸 때마다 매번 장황하게 이야기할 필요는 없습니다. 서로에게 한 마디씩이라도 좋으니 1시간에 한 번 정도의 빈도로 대화를 시도해 보시기 바랍니다.

사람의 몸은 신기하게도 사용하지 않는 능력은 확연하게 퇴화되어 갑니다. 스포츠 대회에서 우승한 발 빠른 달리기 선수도 골절로 일정 기간 달리지 못하면 복귀 후 곧바로 우승했을 때의 대회 기록을 재현하기 힘듭니다.

단거리 선수처럼 강인한 육체의 소유자뿐만이 아닙니다. 지극히 평범한 우리도 깨닫지 못하고 있을 뿐 현재의 신체 기능을 매일 단련하고 있습니다. 음식을 먹고 삼키는 일, 일어서고 앉고 걷는 일, 그리고 다른 사람과 대화를 나누는 일 등이 이에 해당하죠.

다른 사람과의 대화를 멀리하다 보면 자신이 이야기하고 싶은 내용을 말하는 능력이 줄어들어 대화를 주고받기 위한 뇌의 능력도 녹슬기 쉽습니다.

더구나 치매 환자의 경우, 언어화 능력 저하라는 증상도 겪습니다. 적극적으로 대화를 나눠 뇌에 자극을 줘서 언어화 능력 저하를 가능한 한 줄여야만 합니다.

아침에 '잘 주무셨어요?'부터 밤에 '안녕히 주무세요'까지 수많은 대화의 기회가 있습니다.

대화의 내용은 치매 환자의 관심을 끌 수 있는 화제나 재활치료 겸 환자에게 도움을 줄 수 있는 대화 내용 등을 상황에 맞게 찾아봅시다.

'밥, 맛있네요. 한 그릇 더 드실래요?'

'같이 앨범 보실래요? …… 이분이 누구라고 했었죠?'

말을 주고받다 보면 뇌가 활성화되어 대화만으로 고독감도 개선됩니다. '매일 꾸준한 대화'를 꼭 신경 쓰시기를 바랍니다.

# 해서는 안 되는
## 대화하는 중의 응대

### 재촉은 물론
### '대변'해 주는 것도 피해야

치매 환자가 대화를 시도할 때는 94페이지의 기본 자세와 지금까지 설명했던 마음가짐을 가지고 이야기를 잘 들어줘야 합니다.

치매 환자를 상대할 때뿐만 아니라 누군가와 대화하고 있을 때, 상대방이 듣는 건지 아닌지 알 수 없을 정도로 이야기에 집중하지 못하고, 다른 일을 하느라 눈도 맞추지 않으면 기분이 좋을 리 없죠.

또 치매 환자는 '○○ 씨, 잠깐 시간 괜찮아?', '저기, ○○ 씨!' 등과 같이 대화하고 싶은 상대에게 쉽게 말을 걸지 못하기도 합니다. 이쪽을 보면서 우물쭈물한다거나 빤히 쳐다보면서 '대화하고 싶어 하는 모습'을 보인다면 '왜 그러세요?' 라고 한 번 물어봅시다.

또 이야기하고 싶은 용건도 좀처럼 언어화하지 못하는 경우도 많습니다( → 실어, 35페이지 참조). 말을 더듬거릴 때 '○○을 말씀하시는 거예요?' 라고 대변해주고 싶겠지만, 단어를 선택해서 말로 표현하는 것도 중요한 재활 치료가 됩니다. 말을 끊지 말고 '천천히 말씀하셔도 괜찮아요' 라고 격려하면서 맞장구를 치며 '경청'해 주십시오.

다만 때로는 전혀 말이 되지 않거나 무슨 뜻인지 알 수 없어서 대답하기 힘든 경우도 있습니다.

그렇다고 하더라도 '무슨 말을 하는지 모르겠어요, 무슨 말이 하고 싶은 거예요?' 등과 같이 힘겹게 이야기를 전달하려고 단어를 찾는 '노력'을 부정하는 듯한 대답은 피해야 합니다.

'힘겹게 대화를 시도하고 있는데 전혀 들어주려 하지 않아', '이 사람은 내 이야기를 제대로 들을 거 같지 않아' 라는 생각이 들면 초조함에 지배되어 결국 대화 시도를 포기하게 됩니다……. 그 결과, 실어가 점점 진행되고 뇌의 인지 능력 저하는 가속화되죠.

간병인의 올바르지 못한 대응이 요인이 되어, 도움이 더 필요하고 대응하기 더 힘든 치매 환자가 되기도 합니다.

이야기의 내용은 중요하지 않습니다.

어떤 이야기든 '그래요?', '그렇구나' 처럼 '이야기를 잘 듣고 있어요' 라는 자세를 보여주는 것이 중요합니다. 긍정적인 반응을 받으면 치매 환자가 안심을 느끼고 다음 대화로 이어질 수 있게 되어 뇌에도 새로운 자극을 줄 수 있습니다.

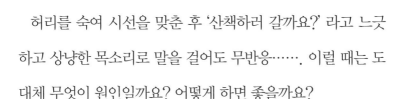

허리를 숙여 시선을 맞춘 후 '산책하러 갈까요?' 라고 느긋하고 상냥한 목소리로 말을 걸어도 무반응……. 이럴 때는 도대체 무엇이 원인일까요? 어떻게 하면 좋을까요?

우선 대부분은 '잘 안 들리나?' 라는 생각에 귀에 가까이 대고 '산책하러 가요' 라고 다시 이야기해 봅시다. 이렇게 해서 반응이 있으면 노인성 난청으로 판단할 수 있습니다.

또, 내키지 않아 반응하지 않을 때도 있습니다. 그럴 때는 '정동'에 호소하는 작전을 펼쳐 보십시오.

'벚꽃이 아주 예쁘게 폈어요. ○○ 씨께도 보여주고 싶은데 산책하러 가요', '즐겁겠죠?!' 라고 정동을 동요시켜 주면 반응을 얻을 수 있습니다.

특히 주의해야 하는 경우는 몸 상태가 안 좋아서 반응이 없을 때입니다. 안색은 어떤지, 통증을 느낄 정도로 눌리고 있는 신체 부위는 없는지, 변비는 없는지, 식사는 제대로 했는지, 밤에는 잠을 잘 자는지, 탈수 증상을 일으키지 않는지 등, 치매 환자의 모습을 자세히 살펴보고, 필요에 따라 진찰받아 주십시오.

## 제 3 장

'인지 능력을 향상시키는 대화 방식'

# 50가지
# 힌트

# 일상적인 간병을 편하게 해줄
## 실천 언어 모음집

**이제 대화 시도에 난처해하지 않고,**
대응에 고민하지 않는다

지금까지 인지 능력을 높이기 위한 간병인의 대화 방식의 중요성을 여러 차례에 걸쳐 설명했습니다.

이제부터는 지금까지 설명했던 사고방식을 토대로 더 구체적인 문장과 대화 방식의 힌트를 소개하고자 합니다.

지금부터 소개할 대화 방식의 힌트는 무려 50가지 예시입니다!

식사 시간이나 수면 전 등 막간의 시간을 활용해서 치매 환자와 대화의 폭을 넓히고, 인지 능력에 좋은 효과가 있는 대화 방식을 통해 반복되는 배회와 절도, 외출 기피 등의 난처한 행동에 수월히 대응하기 위한 대화 방식까지 폭넓게 소개합니다.

대화가 잘 통하지 않는 상대와 함께 있기는 누구에게나 괴로운 일입니다.

여기에서 소개할 대화 방식의 힌트는 '치매 증상 진행 억제'에 목적을 두고 있지만, 대화 방식의 핵심을 파악해 두면 이전보다 치매 환자와 이야기하는 상황에서 간병인의 스트레스도 줄어들 것입니다.

간병인과 치매 환자 모두 조금이라도 더 편해질 수 있기를 바라는 마음으로 정리한 대화 방식의 힌트를 꼭 활용해 보시기를 바랍니다.

# 01

# 인사할 때
## (아침, 점심, 저녁)

## 대응 힌트

아침, 점심, 저녁 인사는 대화의 실마리가 되어 인지 능력 악화도
방지할 수 있습니다. 매일 빼먹지 말고 실천해 봅시다.

## 대화 시도의 예

'안녕히 주무셨어요? 날씨가 좋네요!'

'오늘 오후도 참 좋네요. 안색도 좋아 보이셔서
다행이에요.'

'좋은 저녁이네요. 이제 저녁 식사할까요?'

## 올바르지 못한 대화 시도의 예

◆ (잠을 자고 있는데) '안녕히 주무셨어요?'

➔ 깜짝 놀라게 할 수 있습니다.

◆ (아침, 점심, 저녁 상관없이) '잘 지내셨죠?', '안녕하세요~'

➔ 시간 감각이 뚜렷하지 않은 아쉬운 표현입니다.

치매 환자에게 아침에 대화를 시도하기 좋은 첫 마디는 '안녕히 주무셨어요(잘 잤어)?'입니다. 밝은 목소리와 웃는 얼굴로 하루의 시작을 상쾌하게 시작해 보는 것이죠. 하지만 치매 환자가 아직 이불 속에서 자고 있을 때는 갑자기 큰 소리로 '안녕히 주무셨어요?' 라며 말을 걸지 마십시오. 치매 환자는 '대체 누구야!' 라는 생각에 깜짝 놀라 아침부터 기분이 안 좋아질 수 있습니다.

아직 졸려 보인다면 '커튼을 걷어도 될까요?' 라고 미리 양해를 구한 후에 커튼을 걷어야 합니다. '벌써 7시예요' 등 부드럽게 말을 걸어 주십시오.
또, 치매 환자는 지남력 상실 때문에 아침, 점심, 저녁을 잘 구별하지 못합니다.

오전 중에는 '안녕히 주무셨어요?', 점심 식사를 끝낸 오후에는 '오늘 오후도 참 좋네요', 날이 저물어 저녁을 먹을 때는 '좋은 저녁이네요', 밤이 깊어 잠자리에 들 때는 '안녕히 주무세요' 라는 말로 대화를 시도합니다. 같은 집에 사는 가족이라도 이처럼 '시간을 전해 주는 인사'를 활용해 봅시다.

인사를 통해 하루 동안 시간이 경과되고 있음을 인식시켜 주면 인지 능력 악화 방지에도 효과를 기대할 수 있습니다.

# 밥을 먹을 때

## 대응 힌트

가장 중요한 점은 재촉하지 말아야 한다는 점입니다. 밥을 먹여 주려는 행동보다는 웃는 얼굴로 '같이 식사하자' 라는 밝은 분위기를 풍겨 줍시다.

## 대화 시도의 예

'맛있겠네요!', '점심밥이에요. 자, 같이 먹을까요?'

(젓가락 사용법을 몰라서 당황해하는 사람에게)
'포크를 깜빡했네요. 미안해요! 잠시만 기다려 주세요.'

## 올바르지 못한 대화 시도의 예

◆ '정리해야 되니까 얼른 드세요.'

➜ 재촉하지 맙시다.

◆ '젓가락 거기 있잖아요? 왜 멍하니 있어요.'

➜ 고압적&부정적인 말투는 금물입니다.

치매 환자에게 식사는 체력을 유지하기 위한 영양 섭취이자, 젓가락이나 포크를 사용해서 스스로 식사하여 일상생활을 유지하기 위한 훈련이기도 합니다.

올바르지 못한 대화 시도의 예와 같이 '재촉'하는 말투는 식사 기피를 유도할 수 있으니 피해야 합니다. 식사를 서두르는 행동은 치매와 관련 없이 고령자에게는 어려운 일입니다. 또, 개인차는 있지만, '얼른'보다는 '맛있겠네요' 등의 정동을 동요시키는 표현으로 식사 시간의 분위기를 좋게 만들어야 수월하게 식사가 진행됩니다.

그리고 치매가 진행되면서 지금까지는 능숙하게 사용했던 젓가락을 사용하지 못하는 환자도 많습니다. 그럴 때는 앞에 앉아서 젓가락을 들고 '식기 전에 드세요' 라며 웃는 얼굴로 말을 건 후에 간병인도 천천히 식사해 보십시오. 단순히 간병인이 식사하는 것처럼 보이지만, 진짜 목적은 젓가락 사용법을 보여주기 위함입니다. 치매 환자는 '아, 저렇게 사용하는 거구나' 라고 생각하며 흉내를 내어 식사를 시작할 수 있게 됩니다. 그래도 젓가락 사용이 힘들어 보인다면 숟가락이나 포크 등 다루기 쉬운 식기로 바꿔 주십시오.

# 03

# 취미나 특기를
## 즐길 때

**대응 힌트**

취미나 특기는 몸이 기억하고 있을 때가 많습니다. 대화 시도를
통해 적극적으로 실천하면 치매 진행을 대비할 수 있습니다.

**대화 시도의 예**

'특기인 뜨개질로 목도리 좀 만들어 주실래요?'

'할머니 노래 잘 부르시니까
다음에 다 같이 노래방에 가요.'

**올바르지 못한** 대화 시도의 예

◆ '나중에 치우기 힘드니까 털실로 어지럽히지 마요.'

→ 간병인의 입장만 우선에 두는 부정적인 표현입니다.

◆ '듣기 싫으니까 큰 소리로 노래 부르지 마세요.'

→ 창피하다는 식의 표현으로 행동을 부정하고 있습니다.

오랫동안 해왔던 집안일, 예전에 잘했던 목수 일, 취미인 뜨개질……. 이처럼 몸이 기억하는 것을 '절차 기억'이라고 합니다. 치매 환자가 기억 장애를 앓고 있더라도 이 절차 기억은 비교적 오래 남아 있죠.

손이나 몸을 움직이면 인지 능력 저하 방지에 도움을 주고, 이를 통해 얻을 수 있는 '즐거움'이라는 감정은 치매 환자의 마음을 밝게 해주고 긍정적인 정동 경험도 쌓을 수 있습니다.

그러니 긍정적인 대화 시도로 치매 환자가 취미를 즐기거나 특기를 선보일 수 있는 시간을 꼭 만들어 봅시다. 이때 강요하지 말고 '○○해 보지 않을래요?' 라고 제안하는 형식으로 의사를 전하는 것이 중요합니다.

▲ 간병인도 같이 즐길 수 있는 취미면 더 좋습니다. 서로 무리하지 않는 범위에서 즐깁시다.

# 외출할 때

## 대응 힌트

치매 환자는 실내에만 있으면 증상만 악화됩니다. 뇌에 자극을 주기 위해서라도 외출하고 싶은 생각이 들도록 대화를 시도해 보십시오.

## 대화 시도의 예

'내일은 전문 복지 시설에 가는 날이에요, 기대되시죠?'

'오랜만에 ○○오일장에 구경하러 갈까요?'

## 올바르지 못한 대화 시도의 예

◆ '시네플렉스에 갈래요?'

→ 신조어나 외래어는 가능한 한 사용하지 않도록 합시다.

◆ '가끔씩은 밖에 나가야 해요.'

→ 긍정적인 표현으로 바꿔서 말합시다.

치매 환자는 무언가를 적극적으로 실천하기를 꺼리기 쉽습니다. 하지만 그렇게 자극 없는 나날을 보내면 증상만 진행될 뿐이죠. 아직 잘 걸을 수 있는 치매 환자라면 기회를 살펴봐서 외출을 시도해야 합니다. 가능한 한 '외출이 즐거워질 수 있도록 대화를 시도'해서 적극적으로 외출해 봅시다.

또 전문 복지 시설에 정기적으로 다니고 있다면 '내일은 전문 복지 시설에 가는 날이에요, 기대되시죠?' 등과 같이 설렘과 기대감을 높일 수 있는 대화 시도도 좋습니다. 이 대화 자체는 기억장애로 인해 희미해질 수 있지만, '재미있겠다!', '기쁘다!' 라는 긍정적인 정동은 남습니다.

단, 치매 환자에게 외출 유도 시에 중요한 점은 환자가 내키지 않아 할 때는 강요하지 않아야 한다는 점입니다. 즐거운 체험이 아니면 치매 증상 완화에 좋은 효과를 기대하기 어렵습니다. 말로만 표현하지 않았을 뿐, 몸 상태가 안 좋아서 무표정일 때도 있으니 안색과 몸 상태를 잘 관찰하시기 바랍니다.

또, 외출 장소를 설명할 때는 '시네플렉스'나 '컴비니언스 스토어' 등과 같은 외래어나 신조어는 피해야 쉽게 이해할 수 있습니다.

# 장을 볼 때

대응 힌트

이상적인 방법은 간병인이 대화 시도를 통해 '이끌어' 주면서 함께 장을 보는 것입니다.

**대화 시도의 예**

'어느 오이가 좋을까요?'

'채소를 골라 줘서 고마워요. 계산은 제가 할게요.'

'대단해요! 채소의 신선도를 보는 눈이 탁월하시네요~'

**올바르지 못한 대화 시도의 예**

◆ '장 다 볼 때까지 가만히 있어요.'

→ 아무 일도 시키지 않게 됩니다.

◆ '만지면 안 돼요!'

→ 문제가 되는 행동도 아닌데 강력히 제재하면 기력까지 쇠약해질 수 있습니다.

치매 환자에게는 생활에 지장을 주는 장애가 발생합니다. 단순해 보이는 장보기에도 메뉴를 생각하고, 냉장고를 살펴보고, 부족한 식재료를 적어서 슈퍼에 가고, 식재료를 고르고, 계산을 끝낸 후 집을 돌아오는…… 등 다양한 행동이 필요합니다. 하지만 치매 환자는 이론적으로 그 일련의 행동을 계획직으로 실행하기 어려워하는 '실행능력 장애(수행능력 장애)'를 앓고 있습니다. 하지만 '귀찮다는 이유로 장을 보지 못하게 한다'면 지금까지 가능했던 능력조차 잃게 됩니다.

꼭 '상대를 이끌어주는 대화 시도'를 통해 함께 장보기를 시도해 봅시다! '장보기 목록을 만들어 볼까요? 토마토는 있나요?' 라고 물어보면 치매 환자가 냉장고를 살펴보고 '없다' 라고 대답해 줄 것입니다. 마트의 채소 코너에서 토마토를 고를 때는 '어떤 토마토가 신선할까요?' 라고 물어봅니다.
어쩌면 왕년에 주부였을 때의 지식을 떠올려 '꼭지 부분이 진하고, 단단한 것이 좋아' 라는 등의 대답을 들을 수 있을지 모릅니다.

마지막으로 계산은 간병인이 대신 하는 등 치매 환자가 할 수 없는 부분은 도와주고, 할 수 있는 부분은 끊임없이 유도하는 것이 치매 간병의 핵심입니다.

# 06

# 오랜만에
## 친족끼리 모였을 때

치매 환자가 '오랜만에' 보는 사람이 있는 경우, 그 사람이 먼저
자신을 소개하게 합니다. 치매 환자는 이름을 잊어버리는 경우가
많기 때문입니다.

### 대화 시도의 예

'오랜만에 왔지요! 손주 ○○이에(예)요.'

'건강해 보이셔서 다행이에요. 어렸을 때 같이 놀았던
사촌 ○○이에(예)요.'

### 올바르지 못한 대화 시도의 예

◆ '할머니, 제가 누군지 알겠어요?'

➔ 시험해보는 것은 금물입니다.

◆ '아이고, 저 잊으셨어요?'

➔ 자존심에 상처를 줄 수 있습니다.

치매 증상이 진행되면 소중한 가족 관계조차 이해하지 못할 수 있습니다. 소중히 길러서 어른이 된 자식이나 눈에 넣어도 아프지 않을 정도로 귀여워했던 손주도 오랜만에 만나면 '누구세요?'라고 말하며 어쩔 줄 몰라 합니다⋯⋯. 그런 말을 들은 상대방도 '나를 못 알아보다니' 라며 암담한 기분에 빠질 수 있겠죠.

이쯤에서 다시 한번 유념해야 할 부분은 '누구세요?' 라는 발언에는 악의가 전혀 없는 치매 증상이라는 점입니다. 그러므로 '아니에요, 손주 ○○이에(예)요, 왜 못 알아보세요?' 라고 비난하듯이 반론해서는 안 됩니다.

치매 환자는 '자신이 가족의 이름을 잊어버렸음'을 자각하고 슬픔에 빠질 뿐입니다.
치매 환자와 만날 때는 처음부터 '오랜만에 왔지요. 손주 ○○이에(예)요' 라고 먼저 인사하면 좋겠죠.

'할머니, 제가 누군지 알겠어요?' 라며 기억력을 시험하는 듯한 질문은 결코 해서는 안 됩니다. 이러한 테스트는 사람을 얕보는 듯한 인상을 주고, 대답하지 못했을 때 자존심에 깊은 상처를 줄 수 있습니다.

# 07

# 산책 중에
## 대화할 때

### 대응 힌트

걸으면서 이야기하는 것도 좋지만, 갑자기 말을 걸면 넘어질 수 있으니 주의해야 합니다.

### 대화 시도의 예

(일단 벤치에 앉은 후에)

'날씨가 좋네요~ 산책하러 오길 잘했네요!'

'손잡고 걸어도 될까요?'

### 올바르지 못한 대화 시도의 예

◆ (큰 소리로) '거기 바닥에 턱이 있어요! 조심해요!'

➔ 놀라서 오히려 넘어질 위험성이 커집니다.

◆ '뭐 하는 거예요, 빨간 불이잖아요!'

➔ 질책은 금물입니다.

산책은 바깥 공기를 맡을 수 있어 간병인도 기분을 전환하기에 좋죠.

하지만 산책 시 주의해야 할 점은 넘어지는 사고입니다. 갑자기 말을 걸어서 놀라는 바람에 균형을 잃고 넘어지는 사고도 드물지 않기 때문입니다.

만일의 사태에 대비하여 손을 잡고 걷는 등 넘어짐 예방책을 마련한 후에 산책을 즐깁시다.

예방책을 마련한 후, 낮고 온화한 목소리로 대화를 시도해 보십시오. 이야기하면서 걸으면 뇌의 능력 향상에 효과적인 '멀티 태스킹(한 번에 두 가지 이상의 일을 실행하는 짓)'이 됩니다. 하지만 발밑을 잘 살펴보지 못하는 환자라면 벤치에 앉힌 후에 대화를 시도하는 편이 안전합니다.

▲ 야외에서의 대화는 간병인에게도 기분전환이 되니 풍경을 즐기고 안정을 취하면서 이야기해 봅시다.

# 08

# 옛날 이야기를
## 꺼냈을 때

### 대응 힌트

옛날 이야기는 간병 힌트를 얻을 수 있는 보물 창고와 같습니다. 환자가 좋아하는 것이나 특기를 파악해서 재활 치료에 활용해 봅시다. 과거의 기억을 떠올리면 뇌도 자극할 수 있습니다.

### 대화 시도의 예

'일요일에 종이접기가 취미였군요.
다음에 예쁘게 꽃을 만들어 주시겠어요?'

'참 고생 많으셨네요······ 인생 공부가 되었어요.
들려주셔서 감사해요.'

### 올바르지 못한 대화 시도의 예

◆ '전에도 그 얘기 들었어요.'

➡ 비난 및 부정하고 있습니다.

◆ '하아, 그러세요?'

➡ 무관심이 느껴져 의욕을 꺾을 수 있습니다.

치매 환자는 치매 중기까지 옛날 이야기를 자주 한다고 알려져 있습니다. 상대가 이미 들었는지, 듣지 않았는지를 전혀 깨닫지 못하고 이야기하고 싶은 일화가 생각나면 몇 번이고 반복한다는 특징이 있습니다. 안 그래도 정신없는 간병인에게는 '귀에 딱지가 않겠어요!', '몇 번째 말하는 거예요!' 라고 짜증이 날 법도 합니다.

그럴 때는 관점을 바꿔 보시기 바랍니다. 간호사나 간병인 등 치매 지원 전문가는 치매 환자의 가족에게 환자의 과거 직장이나 취미, 편식 등, 그 사람의 인생과 삶의 역사인 '생활 이력'을 되도록 많이 물어봅니다. 생활 이력을 파악해두면 환자가 배회나 폭언 등의 문제를 일으켰을 때 무엇 때문에 벌어진 일인지 찾는 데 도움이 되기 때문입니다. 이러한 생활 이력의 일부는 옛날 이야기를 통해 본인 스스로 말하게 할 수 있으니 **귀중하고 유익한 간병 자료**가 아닐 수 없습니다.

또, 옛날 이야기의 집대성인 '환자의 역사'를 만드는 재활 방법(과거에 일어난 일을 떠올려서 이야기하면 두뇌 자극도 가능)도 있습니다(→ 회상법 62페이지 참조). 그러니 간병인의 시간을 뺏는 곤란한 이야기라며 단칼에 잘라내지 마십시오. 옛날 이야기는 치매의 악화를 방지할 수 있습니다.

# 09

# 집안일을
# 도와줬을 때

## 대응 힌트

'다른 사람에게 도움을 줬다!' 라는 만족감은 삶의 보람이 됩니다.
진심으로 감사한 마음을 전해 봅시다.

## 대화 시도의 예

'덕분에 평소보다 빨리 요리가 끝났어요,
정말 도움이 많이 됐어요.'

'능숙하시네요. 또 부탁드려도 되겠어요.'

## 올바르지 못한 대화 시도의 예

◆ '이렇게 어지럽히다니……'

➡ 비난만 있고 감사함을 나타내는 표현이 없습니다.

◆ '이런 건 쓸 수가 없어요.'

➡ 완성된 모습을 안 좋게 평가하지 맙시다.

사람은 몇 살이 되든, 어떤 병을 앓든 '다른 사람에게 도움이 되고 싶어' 하거나 '다른 사람에게 높이 평가받고 싶어' 하는 욕구가 있습니다. 도움이 되지 않는 사람 = 다른 사람에게 높이 평가받지 못하는 사람 = 없어도 될 사람…… 이러한 생각 끝에 자살을 선택하는 고령자도 적지 않습니다.

또 치매 환자라도 과거에 익힌 전문 기술이나 집안일 기술은 몸이 기억하고 있습니다. 아직 절차 기억(몸으로 익힌 기억)이 남아 있는데 그것을 발휘하지 못하게 하면 기억이 점차 흐려져 할 수 있던 일까지 할 수 없게 됩니다. 이를 '만들어진 장애'라고 표현하기도 합니다.

**따라서** 설령 어지럽혀도, 능숙히 하지 못하더라도 '이것도 재활치료, 중요한 작업'이라고 생각하여 도움을 받은 성과를 칭찬해 주며 '고마워요', '도움이 되었어요' 라고 감사한 마음을 표현해 보십시오. 분명 치매 환자는 자랑스럽다는 듯이 미소를 지을 것입니다.

제2장에서도 설명했듯이 '긍정적인 정동이 치매의 진행을 억제'할 수 있습니다. 다른 사람에게 도움을 줬을 때의 즐거움, 기쁨 등의 긍정적인 정동 또한 치매 악화를 방지하는 묘약이 됩니다.

# 10

# 치매 환자에게
## 어떤 도움을 청하고 싶을 때

### 대응 힌트

사람으로서의 존엄, 연장자에 대한 존중의 마음을 가진 상태에서 정중한 대응과 말투가 중요합니다.

### 대화 시도의 예

'~해 주시겠어요? 감사합니다.'

'도움을 부탁드려도 될까요?
그래 주시면 감사하겠습니다!'

### 올바르지 못한 대화 시도의 예

◆ '알겠으니까 이거 좀 도와줘요!'

→ 매정한 말투는 금물입니다.

◆ '~하세요!', '~하는 거야!'

→ 명령도 금물입니다.

몇 번이나 언급했듯이 치매 환자는 기억은 사라지더라도 정동(→ 78페이지 참조)은 남아 있어 자존심은 잃지 않습니다. 얕잡아 보고 업신여기면 억울함과 슬픔으로 가슴이 답답해집니다. 그것이 때로는 반항적인 태도나 폭언을 일삼는 원인이 됩니다.

치매 환자에게 어떠한 부탁을 할 때는 '~해 주시겠어요?' 라고 예의를 갖춰서 대응해야 합니다. 가족 관계라면 존댓말을 쓰지 않아도 되지만, 예의는 지킵시다.

'할머니, 파자마로 갈아입을까요? 만세 좀 해 주실 수 있겠어요? 네, 고마워요.'
'목욕하는 거 도와드릴게요. 발부터 닦아드려도 될까요?'

'~해 줄게'가 아니라 '~해 주실래요?'의 자세로 대하면 치매 환자의 자존심이 만족함과 동시에 '특별함'을 느낄 수 있습니다.
그 기쁨과 자랑스러움은 긍정적인 정동 경험이 되고 간병인에 대한 신뢰감으로도 이어져 간병도 수월해질 것입니다.

# 11

# 치매 환자의
## 부탁을 거절하고 싶을 때

### 대응 힌트

거절과 부정은 금기입니다. '당신은 소중한 존재다', '당신이 나쁜 게 아니다' 라는 사실을 잘 전달해야 합니다.

### 대화 시도의 예

('빵을 사 달라' 라는 부탁을 받았을 때)
**'지금 냉장고에 맛있는 양갱이 있는데 드시겠어요?'**

('현금 좀 인출해 줘' 라는 부탁을 받았을 때)
**'○○씨가 돌아오면 자동차를 타고 가요.'**

### 올바르지 못한 대화 시도의 예

◆ **'바빠서 못 해드려요.'**

→ 거절당하면 슬퍼합니다.

◆ **'네네, 나중에요.'**

→ 얕잡아 본다는 기분이 들 수 있습니다.

치매 환자는 갑자기 생각지도 못한 말을 꺼내기도 합니다. 이미 밤이 깊어서 이제 이불에 들어갈 시간이 다 되었을 때 갑자기 '과자 좀 사다 줘' 라고 말하거나, 특별히 필요하지 않은데도 '현금이 수중에 없어서 곤란해, 인출해 줘!' 라고 말하기도 합니다.

하지만 '안 돼!', '말도 안 되는 소리 좀 하지 마세요!' 등 거부나 거절 표현을 들으면 치매 환자의 마음에 깊은 상처를 줄 수 있으니 피해야 합니다. 다른 사람에게는 전혀 의미가 없고, 망상에서 발단된 말이라고 하더라도 치매 환자에게는 중요한 무언가를 위해 부탁한 것입니다. 그러니 곧바로 거부당하면 당연히 슬플 수밖에 없습니다.

능숙하게 정신을 다른 데로 돌릴 수 있는 대체안을 제안해 주십시오. 간병인의 상상력과 재치도 기를 수 있으니 두뇌 트레이닝이라고 생각해 봅시다.

또, '잠깐 이리 와 봐!' 라며 바쁠 때 말을 걸기도 합니다. 반사적으로 입 밖으로 나와 버리는 '기다려요', '나중에요' 라는 말도 일종의 거부나 부정이 될 수 있으니 주의해야 합니다. '미안해요~ 서둘러서 세탁물을 널 테니까 잠시만 기다려 주세요' 등 미안함을 강하게 어필하여 거부나 거절하는 것이 아님을 전달해야 합니다.

· dementia ·

# 12

# 치매 환자에게
## 대화를 시도하고 싶을 때

### 대응 힌트

갑자기 큰 소리로 등 뒤에서 말 걸기는 금물!
대화 방식의 기본 자세를 잘 지켜서 놀라게 하지 맙시다.

### 대화 시도의 예

(시대극 방영이 끝난 틈을 타서)
**'아버지, 전문 복지 시설에 갈 시간이에요.'**

(앞으로 돌아와서 무릎을 구부린 상태에서)
**'점심 먹을 시간이에요.'**

### 올바르지 못한 대화 시도의 예

◆ (뒤에서 큰 소리로)
　**'○○씨! 밥 먹을 시간이니까 이리로 오세요!'**

◆ (갑자기 텔레비전을 끄면서)
　**'자, 전문 복지 시설에 갈 시간이에요!'**

치매 환자에게 말을 걸었을 때 눈치를 채게 하여 이야기에 집중시킬 수 있는 비결이 있습니다. 우선 무언가에 집중하고 있거나 이야기하는 도중에는 시도하지 마십시오. 억지로 끼어들면 기분이 상해 이야기를 들으려는 마음이 들지 않을 수 있습니다.

이야기할 때는 치매 환자의 시야 안으로 들어가는 등, 대화 방식의 기본 자세( → 94페이지 참조)를 지켜 주십시오. 조용한 장소를 선택하고 미리 잡음이 들리지 않도록 제거해 둡시다.

▲ 텔레비전을 보고 있을 때 말을 걸어도 눈치채지 못하는 이유는 '복잡성주의 장애(다양한 자극이 동시에 발생했을 때, 필요한 것만 선택하여 그것에만 신경을 집중하는 장애)' 때문일 수 있습니다.

# 옷을 입을 때

dementia

## 대응 힌트

옷을 제대로 입지 못하는 것 또한 치매의 증상 중 하나입니다. 하지 못하는 부분만 도와주는 것도 중요하지만, 도와주기 전에 반드시 말을 걸어야 합니다.

## 대화 시도의 예

'이 옷은 단추가 너무 많아서 번거롭죠?
제가 도와 드려도 될까요?'

'(단추가 없는 옷을 준비) 이 옷은 색이 참 예쁘죠?
단추가 없으니까 입기 편해요.'

## 올바르지 못한 대화 시도의 예

◆ '단추는 제가 채울 테니까 소매만 잘 통과해서 입어요.'

➜ 어린아이 취급은 삼갑니다.

◆ '아직 못 입었어요?'

➜ 보채지 맙시다.

치매 증상이 진행되면 일상생활의 사소한 행동도 할 수 없게 됩니다. 옷 입기, 신발 끈 묶기, 지금까지 당연하다는 듯이 해왔던 일이 불가능해지면 본인도 큰 충격을 받습니다.

도움은 필요하겠지만, '과도하게 도움'을 주지 않도록 주의해 주십시오. 소매에 팔을 넣을 수는 있지만, 단추는 잠그지 못한다면 소매에 팔을 넣는 부분까지는 치매 환자가 할 수 있도록 해 줍니다. 간병인이 다 해주려고 하면 아직 할 수 있는 일조차 점점 할 수 없게 됩니다.

하지 못하는 부분을 도와줄 때는 아무 말 없이 해주려 하지 말고 '~해 드려도 될까요?' 라고 상대에 대한 경의가 담긴 말투로 말을 걸어 주십시오. 또 '이 옷은 좀 입기 힘들죠……' 등과 같이 공감의 한 마디만 해줘도 '이런 것도 못하다니!' 라고 생각했던 치매 환자의 마음이 조금은 편안해질 수 있습니다.

옷은 입기 편한 옷을 선택합시다. '그 누구의 도움을 받지 않고도 할 수 있다' 라는 자신감과 긍지는 치매 환자를 긍정적으로 만들어 행동이 인지 능력의 저하를 방지합니다.

# 14

# 머리를 빗는 등
## 몸단장을 할 때

### 대응 힌트

치매에 걸리면 몸을 단장하기 힘들어집니다.
적절한 대화 시도와 대응으로 밝은 분위기를 만들어 봅시다.

### 대화 시도의 예

'머리를 빗어 드려도 될까요?'

'어머, 멋진 회색 머리네요. 저도 그렇게 되고 싶어요.'

### 올바르지 못한 대화 시도의 예

◆ (아무런 양해도 구하지 않고) **'자, 머리 좀 빗을게요.'**

➔ 갑작스러운 신체 접촉은 금물입니다.

◆ **'보기 안 좋으니까 머리 좀 빗게 해 주세요.'**

➔ 비난하지 맙시다.

치매 환자는 질환 때문에 다양한 능력을 잃는데, 일상적인 몸단장 방법이나 도구 사용 방법을 잊어버리기도 합니다. 항상 단정했던 모습이 점차 흐트러진다니 참 슬픈 일이지요.

치매 환자도 깔끔하게 다니고 싶어 합니다. 거울에 비친 자신의 깔끔한 모습에 기분이 들뜨기도 하죠. '어머, 할머니 오늘 참 고우시네요!' 처럼 기쁜 목소리로 말을 걸면 기분도 좋아질 것입니다.

치매 환자의 머리를 빗을 때에나 손톱을 자를 때처럼 몸단장을 할 때는 적극적으로 멋진 부분을 보여주며 '이 부분이 참 멋있으세요.' 라고 말을 걸어 주십시오. 기쁜 마음과 설레는 경험은 뇌를 자극하여 치매 악화를 늦춰 줍니다.

또한 머리 빗는 시간의 사소한 대화는 간병인과 치매 환자 사이에 마음의 교류가 생겨나 강한 신뢰 관계를 구축할 수 있습니다. 또, 머리를 만지거나 빗기 전에는 반드시 '머리를 빗어도 될까요?' 라고 양해를 먼저 구하시기를 바랍니다.

# 15

# 화장실에
## 가고 싶어 할 때

### 대응 힌트

강제로 화장실에 데려가지 마십시오.
'같이 갈까요' 등의 부드러운 말투로 유도합시다.

### 대화 시도의 예

'슬슬 화장실에 가 볼까요? (+제스처)'

'잘 주무셨어요?
화장실에 가서 세수하고 개운하게 잠을 깨 볼까요?'

### 올바르지 못한 대화 시도의 예

◆ '얼른 화장실에 가세요.'

➔ 재촉하지 맙시다.

◆ '얼른 가지 않으면 바지에 실수할 거예요.'

➔ 협박하지 맙시다.

치매 환자가 불안한 듯 서성이는 등 요의나 변의를 나타내는 행동을 보이기 시작했다면 화장실로 잘 유도해 주십시오. 말뿐만 아니라 제스처도 동시에 해주면 좋습니다.

'슬슬 화장실에 갈까요? (남성 환자라면 간병인이 자신의 사타구니 쪽을 툭툭 친다. 여성 환자라면 사타구니를 양손으로 감싸는 듯한 제스처를 취한다.)'

하지만 종종 '가지 않겠다' 라며 고집을 부리는 환자도 있습니다. 그럴 때는 '제가 화장실에 가고 싶어서 그런데요, 같이 가 주실 수 있을까요?' 라고 '저를 위해서 부탁드릴게요' 라는 자세로 유도하면 좋습니다.

또 생활 속 다양한 상황에서 화장실로 유도하는 방법을 익혀두면 대소변 실수 방지에 도움이 됩니다. 예를 들어 아침에 일어나자마자 외출해야 할 때는 반드시 욕실로 유도합니다.

'일어나셨어요? 자, 화장실에 가서 개운하게 씻어볼까요?', '저녁밥 재료 사러 갈까요? 그 전에 제가 화장실에 가고 싶은데 할머니도 같이 가 주실래요?' 절대 강요하지 말고 자연스럽게, 부담을 주지 않도록 합니다.

# 잠을 푹 자지
# 못했을 때

## 대응 힌트

컨디션 불량, 불안한 마음 등……
잠을 푹 자지 못하는 원인이 무엇인지 찾아봅시다.

## 대화 시도의 예

'잘 주무셨어요? 이불이 춥진 않으세요?'

'안녕히 주무세요.
무슨 일 있으면 언제든지 불러 주세요.'

## 올바르지 못한 대화 시도의 예

◆ '이미 한밤중이니까 얼른 자야죠.'

→ 질책하더라도 문제는 해결되지 않습니다.

◆ '얼른 안 주무시면 전문 복지 시설에 못 가요.'

→ 협박하지 맙시다.

건강한 사람이라도 이불이 무겁거나 차가운 등의 침구 문제, 차거나 뜨거운 방 안 공기, 낮에 스트레스 받았던 일, 흥분하게 만드는 어떤 사건, 컨디션 불량 등 때문에 잠을 푹 자지 못할 때가 있죠.

치매 환자에게도 해당되는 사항이니 어떤 문제점이 있는지 찾아봅시다. '에어컨 바람, 춥진 않으요?' 처럼 네 또는 아니오로 대답할 수 있도록 간단한 질문을 던집니다.

잠들지 못하는 것 자체에 신경을 집중하다 보면 오히려 더 잠들기 힘들어집니다. '화장실에 가 볼까요?', '따뜻한 우유 마셔 볼래요?' 등 기분전환을 시켜보는 것도 한 가지 방법입니다. 그리고 '또 잠 못 자면 어떡하지?' 라며 불안해하는 치매 환자에게는 '무슨 일이 있으면 언제든지 말해 주세요' 라는 말만으로도 '숙면'에 도움이 됩니다.

또한 특히 컨디션 불량도 아닌데 잠들지 못하는 날이 계속된다면 산책이나 체조하는 습관을 들일 수 있도록 낮에 몸을 움직일 수 있는 일정을 짜 봅시다.

# 17

# 치매 환자에게
## 날짜, 요일을 확인할 때

### 대응 힌트

지남력 상실 때문에 둔해진 날짜, 요일 감각을 고려해서 이야기합니다. 매일 대화 시도와 도구 활용으로 악화를 늦춰 봅시다.

### 대화 시도의 예

'안녕하세요? 오늘은 ○월 ○일, ○요일이에요.'

'오늘부터 10월이네요, 따뜻한 내의를 입어야겠네요.'

### 올바르지 못한 대화 시도의 예

◆ '자, 오늘은 무슨 요일이죠?'

➡ 시험하지 맙시다.

◆ '오늘은 ○○일이 아니에요.'

➡ 실수를 부정하지 말고 '맞아요'하고 받아넘깁시다.

치매의 전형적인 증상인 '지남력 상실'(→ 33페이지 참조)은 오늘이 며칠인지, 무슨 요일인지 등을 떠오르지 못하게 합니다. 지금까지는 '일요일의 다음 날은 월요일, 일하러 가야 한다' 라는 등과 같이 생활의 상황과 밀접하게 관련되었던 날짜와 요일을 파악할 수 없고, 이해하지 못해 무엇이 무엇인지 알 수 없게 되는 등……혼란에 빠져 패닉을 일으키기도 합니다.

이러한 지남력 상실의 진행을 늦추려면 간병인이 행사나 계절, 날짜, 요일을 소리 내서 알려주는 습관 들이기를 추천합니다. '오늘은 7월 31일, 금요일. 내일은 8월, 어쩐지 아침부터 덥더라고요'. 만약 '아니야, 오늘은 일요일이야!' 라며 틀리더라도 '맞아요' 라며 부정하지 말고 받아넘깁니다.

또 치매 환자가 스스로 편하게 확인할 수 있도록 글씨가 큰 달력을 사용하거나 읽기 편한 디지털 시계를 두는 등 도구 선택 방법도 모색해 보십시오. 스스로 확인하는 작업 중에 인지 능력 향상으로 이어집니다.

단, '오늘이 며칠이에요?' 라거나 '무슨 요일인지 알겠어요?' 등 시험하는 듯한 질문은 삼갑니다. 대답하지 못할 때 의기소침해하며 역효과가 납니다.

# 18

# 약을 먹을 때

## 대응 힌트

매일 정해진 시간에 약을 먹게 하기란 참 쉽지 않습니다. '대화 시도와 스스로 관리할 수 있는 환경 정비'를 통해 환자를 도와 봅시다.

## 대화 시도의 예

'식사 끝나면 약 드셔야 해요.'

'약 달력에서 오늘의 복용 분량,
가져와 주실 수 있을까요?'

## 올바르지 못한 대화 시도의 예

◆ '약이 왜 이렇게 쌓여 있어요?'

→ 관리할 수 있도록 간병인이 방법을 모색해야 합니다.

◆ '약 안 드시면 악화돼요.'

→ 협박하면 불안감만 늘어납니다.

치매에 걸리면 약을 먹었는지조차 기억하지 못하는 데다가 무언가를 정리하거나 관리하는 데 서툴러집니다.

약을 잘 관리하여 매일 복용하려면 치매 환자도 쉽게 복용할 방법 모색이 필수입니다.

약을 관리할 때 '약 달력(요일마다 아침, 점심, 저녁 주머니로 나누어져 있어 그 안에 약을 구분하여 넣어둘 수 있는 달력)'을 활용하면 참 편리합니다. 단, 약 달력을 준비하는 데 그치지 않고, '수요일 아침 복용 분량, 가져와서 드세요' 등과 같이 구체적으로 대화를 시도하거나 식후 등의 적절한 타이밍에 '약을 먹을까요?' 라고 이야기해 주면 복용 누락을 줄일 수 있습니다.

▲ 오늘의 복용 분량, 가져와 볼까요?' 등과 같은 대화 시도를 통해 행동으로 옮기게 하여 복용 누락을 방지합시다.

# 19

# 특정 신체 부위가
## 아파 보일 때

## 대응 힌트

네 또는 아니오로 대답할 수 있는 질문과 주변 정보를 토대로 불편한 부위나 그 원인을 신속히 찾아냅시다.

## 대화 시도의 예

'다리가 불편하세요? 잠시 만져봐도 될까요?'

'걷기 힘들어 보이네요, 괜찮으세요?'
다리가 불편하세요?'

## 올바르지 못한 대화 시도의 예

◆ '다리가 불편해 보이는데 어디에 부딪혔어요?'

➜ 기억이 소실되어 제대로 대답할 수 없을 가능성이 큽니다.

◆ '좀 더 제대로 못 걷겠어요?'

➜ 비난은 하지 맙시다.

치매 환자는 실어(→ 35페이지 참조)로 인해 자기 몸 상태나 기분을 정확하게 상대에게 전하기 힘들어합니다. 또 하반신이 약해져 몸을 부딪치거나 넘어지면 다칠 위험성도 커지죠.

불편한 모습이 포착된다면 치매 환자에게 기본적으로 '네 또는 아니오로 대답할 수 있는' 형태로 질문해야 합니다.

또, 걱정된다고 해서 아무 말 없이 통증이 있어 보이는 부위를 만지면 놀랄 수 있습니다. '잠시 만져봐도 될까요?' 라고 반드시 사전에 양해를 구해야 합니다.

그리고 치매 환자에게 직접 확인함과 동시에 외부에서 이변을 판단할 수 있는 부분…… 안색, 표정, 보행, 팔을 들었다가 내리기, 서 있는 모습, 묘하게 답답해하거나 목소리가 작지는 않은지도 확인해 보십시오. 식사량이나 배설 횟수도 중요한 단서가 됩니다.

그 외에도 한여름의 탈수 증상이나 겨울의 난방 기구로 인한 저온 화상 등 계절 특유의 문제는 없는지도 확인합시다.

## 20

# 몸 상태가
## 안 좋을 때

### 대응 힌트

몸 상태가 안 좋아 보이는 징조를 발견했다면 곧바로 대화 시도 하는 것이 중요합니다. '네 또는 아니오'로 대답할 수 있는 질문으로 증상을 파악합니다.

### 대화 시도의 예

'괜찮으세요? 머리 아프세요?'

'(등을 어루만지며) 토할 거 같으세요?'

### 올바르지 못한 대화 시도의 예

◆ '불편한 곳이 있어요?'
◆ '왜 그러세요?'
◆ '아픈 부위가 있으면 알려 주세요.'

➔ 네 또는 아니오로 대답할 수 없는 질문입니다.

기운이 없어 보이거나 몸 상태가 안 좋아 보이는…… 그런 치매 환자에게 대화를 시도할 때는 '네' 또는 '아니오'로 대답할 수 있는 질문을 던지는 것이 중요합니다.

예를 들어 요통으로 의자에 앉기 힘들어져 잠깐 눕고 싶어서 한숨을 쉬는 치매 환자에게 말을 걸 때는 다음과 같이 질문해 봅시다.

'○○ 씨, 힘들어 보이네요. 배 아프세요?' → '아니오' → '허리가 아프세요?' → '네' → '의자에 앉기 힘드세요?' → '네' → '잠시 누우시겠어요?' → '네' → '알겠어요. 그러면 침대까지 데려다드릴게요'.

'어디 불편하세요?', '몸 상태가 안 좋으면 알려 주세요' 라고 질문하면 치매 환자는 자신의 불편함을 정확히 전달하지 못해 답답해할 뿐입니다. '이 사람은 내가 이렇게 몸이 불편한데 도와주지 않는 사람이야', '이런 사람에게 간병받고 싶지 않아' 라고 생각하는 환자도 있을 수 있습니다. 잘 관찰하고 배려하더라도 대화 시도의 핵심을 벗어나면 치매 환자와 간병인의 신뢰 관계를 구축하지 못할 수 있습니다.

# 21

# '돈을 도둑맞았다'
## 라고 말할 때

### 대응 힌트

절도 피해망상의 대응 핵심은 공감입니다. 이때 중요한 점은 진지하게 곤란해하는 치매 환자의 심정을 확실히 이해하려 해야 한다는 점입니다.

### 대화 시도의 예

'소중한 지갑을 잃어버리셨어요? 그것참 걱정이네요.'

'큰일이네요! 같이 찾아봐요.'

### 올바르지 못한 대화 시도의 예

◆ '제가 훔쳤다는 건가요!'

➜ 반론은 하지 맙시다.

◆ '어디에 두고 잊은 거 아녜요?'

➜ 부정도 하지 맙시다.

◆ '또 없어요?!'

➜ 비난은 역효과를 불러옵니다.

'당신, 내 지갑 훔쳤지!' …… 누구나 도둑으로 몰리면 기분이 상해 '어떻게 그런 말을!'이라며 격분할 수 있습니다. 하지만 치매 환자가 그렇게 말한다면 우선 심호흡을 해봅시다. 증상 때문에 나오는 말에 일희일비하지 말고 냉정하게 대처해야 합니다.

어쨌든 지금 치매 환자는 지갑이 없어서 패닉을 일으키고 있습니다. 불안해서 어쩌지 못하는 거죠. '큰일이네요, 같이 찾아 봐요' 등과 같이 공감하는 말로 '내 불안을 알아주는 사람이 있어!' 라는 생각이 들게 하여 우선 패닉에서 벗어나게 해 줍니다. 그래도 또 '당신이 훔쳤잖아!' 라며 물러서지 않을 때는 '잠시 저쪽 방을 찾아 보고 올게요' 라고 말한 후에 그 자리를 벗어납니다.

시간이 조금 지나면 '지갑이 없어져서 간병인을 의심했다' 라는 일련의 사건을 잊을 가능성이 큽니다.

치매 환자는 대체로 가깝게 지내거나 자신을 도와주는 사람을 도난 의심 상대로 삼습니다. 개인적인 의심이 아니라 자기 삶과 밀접해 있으니 가장 먼저 머리에 떠오르기 때문이죠. 그저 응석이라고 받아들이고 의젓하게 행동해야 합니다.

# 이미 식사가 끝났는데
# '먹지 않았다' 라고 말할 때

### 대응 힌트

먹은 기억도 없고 포만감도 없으니 본인은 먹지 않았다고 생각할 수 있습니다. 그러니 곧바로 부정하지는 맙시다.

### 대화 시도의 예

'네, 그럼 이거 드세요.' (라며 적은 양의 식사를 내온다)

'죄송해요, 지금 만들어 드릴게요.'
(라며 주방으로 들어간다)

### 올바르지 못한 대화 시도의 예

◆ '30분 전에 먹었어요!'

➔ 부정해도 의미가 없습니다.

◆ '그러다 배탈 나요.'

➔ 먹지 않았다고 생각하고 있으므로 소용이 없는 말입니다.

치매로 인한 기억 장애와 만복 중추가 작동하지 않는 복합적인 증상 때문에 분명히 식사했는데도 먹은 적이 없다고 호소하는 환자가 많습니다.

'아까 먹었어요' 라고 부정해도 본인은 먹은 기억이 없으니 '식사를 주지 않잖아! 너무해! 날 괴롭히고 있어!' 라고 생각하며 부정적인 감정만 커질 뿐입니다.

다음과 같이 현명하게 대응하여 감정적인 응어리를 남기지 않고 과식으로도 이어지지 않도록 조절합시다.

• 소량의 식사나 차를 내오면서 '자, 드세요' 라고 말한다. 매번 환자가 '아직 안 먹었다' 라고 말한다면 처음부터 전체 분량을 몇 차례에 걸쳐서 나눠서 내오는 것도 한 가지 방법입니다.

• '지금 준비하고 있으니 조금만 기다려 주세요' 라고 말한 후 일단 주방으로 간다. 그 사이에 식사를 요구했다는 사실을 잊고 안정을 되찾는 경우도 있습니다.

• '그럼 빵 사러 갈까요?' 라고 말하며 산책을 유도한다. 산책하며 다른 이야기를 꺼내다 보면 식사에 관해 잊을 수 있고, 더불어 운동 부족 해소, 운동을 통한 두뇌 자극을 얻을 수 있어 '일거양득'의 효과를 누릴 수 있습니다.

# 23

# 전문 복지 시설에 가기
## 싫어할 때

### 대응 힌트

치매 환자 스스로 외출하고 싶은 마음이 생길 수 있도록, 기분의 제동 장치를 다룰 수 있는 대화 시도에 신경을 씁시다.

### 대화 시도의 예

'잠시 놀러 나가지 않을래요?'

'오늘의 점심 메뉴는 가장 좋아하시는 새우튀김이에요.'

'버스 시간은 여유 있으니 천천히 준비하세요!'

### 올바르지 못한 대화 시도의 예

◆ '꼭 가야만 해요!'

➔ 강요하지 맙시다.

◆ '얼마 전엔 갔었잖아요…… 무슨 일 있었어요?'

➔ 치매 환자는 구체적으로 설명하기 힘듭니다.

전문 복지 시설에 가는 날은 간병인도 한숨을 돌릴 수 있는 날입니다. 그런데 나가기 직전에 '오늘은 전문 복지 시설에 가지 않겠다' 라고 말한다면…… 충격을 받을 수밖에 없습니다. 무엇이 환자의 기분에 제동 장치를 걸게 했을까요?

만약 첫 방문을 거부하는 경우라면 그저 처음 가는 곳이라 꺼려지기 때문일 수 있습니다. 그럴 때는 '잠시 놀러 나가지 않을래요?', '다들 상냥한 분들이에요' 등의 대화 시도로 외출을 유도해 봅시다.

지금까지는 잘 다니다가 갑자기 '싫다' 라고 말한다면 이전 방문 시에 무슨 일이 있었을 수 있습니다. 본인에게 이야기를 들을 수 있다면 좋겠지만, 안 좋은 감정만 남아 있고 사건의 기억은 잊어서 제대로 된 이야기를 듣기 힘들 수 있으니 직원과 상담하여 신속히 원인을 파악합시다.

또, 나갈 준비가 좀처럼 진행되지 않을 때도 '귀찮으니까 안 갈래!' 라고 말할 수 있습니다. 그럴 때는 '버스 시간은 여유 있으니 천천히 준비하세요!' 라고 이야기해 줍시다. 또 '오늘 복지 시설의 메뉴는 좋아하시는 ○○이에요'와 같은 식욕을 돋울 수 있는 말이 비교적 효과적입니다.

# 24

# 똑같은 질문을
# 몇 번씩 반복할 때

## 대응 힌트

기억 장애의 전형적인 증상입니다. 완곡한 표현으로 똑같은 질문을 하고 있음을 확인시켜주면 됩니다.

## 대화 시도의 예

'그건 ○○이에요. 아까도 똑같은 질문하셨어요.'
(완곡하고 상냥하게)

'제가 기억하고 있으니 괜찮아요! 걱정하지 마세요.'

## 올바르지 못한 대화 시도의 예

◆ '아까도 말했잖아요! 몇 번씩 말하게 하지 마세요!'

➡ 질책하면 불안과 슬픔만 늘어날 뿐입니다.

◆ '벌써 5번째예요! 적당히 좀 해요.'

➡ 비난하면 슬픈 감정만 남을 뿐입니다.

치매는 아까 말했다는 것을 금방 잊는 '단기 기억 장애'가 특징입니다. 칠판에 쓴 내용을 칠판 지우개로 지운 것처럼 기억이 머릿속에 정착하지 못합니다. 치매 환자가 몇 번씩 반복하고 같은 질문을 하는 이유는 '반드시 기억해야 한다'라고 생각하기 때문입니다. 자신은 기억을 금방 잊는다 → 민폐를 끼칠 수 있으니 잘 외워야지 → 확실히 물어보자 → 질문한다 → 잊는다…… 이러한 과정이 무한 반복됩니다.

아까도 물어봤지만 잊어버린 건가? → 몇 번이고 물어보면 민폐잖아 → 불안하지만 그만두자…… 이런 과정을 거치지는 않습니다. 왜냐하면 기억하지 못하는 자신의 불안함이 가시지 않는 마음을 알아주길 바라기 때문입니다. 그리고 타인에게 민폐를 끼치는 것 때문에 심적으로 괴로움을 느낍니다. 따라서 '제가 기억하고 있으니 괜찮아요' 라는 한 마디만으로 질문의 무한 반복이 멈추는 경우도 있습니다.

그렇지 않아도 불안함에 떨고 있는데 혼을 내면 상처를 받을 수 있습니다. 'ㅇㅇ이에요' 라고 질문에 대답해 주면서 '아까도 똑같은 질문하셨어요' 라고 상냥하게 말해 줍니다. '몇 번이고 물어봐서 불쾌하다' 라는 등의 감정은 싣지 말고 단순한 사실만 전해 주십시오.

# 집에 있는데
# '집에 가고 싶다' 라고 말할 때

### 대응 힌트

'집에 가고 싶다' 라는 절박한 심정을 이해하고, 그 마음을 알아주는 말을 전하면 해결됩니다.

### 대화 시도의 예

'그럼 거기까지 모셔다 드릴게요.'

'모처럼이니 저녁 드시러 가 보세요.'

'마중 나올 차가 올 때까지 차라도 한잔하세요.'

### 올바르지 못한 대화 시도의 예

◆ '여기가 본인 집이잖아요?'

➡ 부정하면 반발만 살 수 있습니다.

◆ '이상한 말 좀 하지 마세요.'

➡ 질책하면 역효과만 납니다.

치매 환자가 집에 가고 싶다는 말은 보통 저녁에 많이 하므로 '일몰증후군'이라고도 부릅니다. 치매 환자는 '자기 집이 아니라서 있기 불편하다'라거나 '가족이 기다리는 집으로 돌아가고 싶다'라는 생각에 '그럼 이만 집에 가보겠다'라는 말이 나옵니다.

이때 '이상한 소리를 하니 고쳐줘야지'라는 생각으로 '여기가 집이잖아요'라고 부정하면 역효과가 날 수 있습니다. 혼란을 일으켜 문제가 되는 행동이 더 강해질 가능성도 있죠. 치매 환자에게는 돌아가고 싶은 집이 따로 있는 세계가 '현실'이므로 간병인도 그것에 맞게 대화 방식을 취해야 합니다.

그렇다고 해서 치매 환자를 혼자 밖으로 내보내면 위험할 수 있습니다. 하지만 집 밖으로 나가야 진정이 되는 치매 환자도 있으니 '거기까지 모셔다 드릴게요'라고 말한 후 잠시 같이 걸어 봅시다. 어느 정도 시간이 지나면 집에 가고 싶다는 마음이 사라지니 '그럼 집으로 돌아갑시다'라고 말은 건 후에 자택으로 유도합니다.

'저녁밥을 같이 먹어요'라고 말하며 붙잡는 방법도 좋은 작전입니다. 저녁밥을 먹는 동안에 집에 가고 싶은 마음이 사라지는 경우도 많습니다.

# 울적해 할 때

## 대응 힌트

살아갈 의욕을 회복할 수 있도록 '당신이 있어서 다행이다', '없으면 안 된다' 라고 말해 주십시오.

## 대화 시도의 예

'○○ 씨가 세상을 떠나면 전 정말 슬플 거예요.'

'폐를 끼친다고 생각하지 마세요.
할머니가 여기에 계신 것만으로 기뻐요.'

## 올바르지 못한 대화 시도의 예

◆ '그런 말을 해도 어쩔 수 없잖아?'

→ 공감해주지 않으면 절망합니다.

◆ '약 드시겠어요?'

→ 안이하게 약을 권하지 맙시다.

아무리 건강한 마음의 소유자라도 치매에 걸려 지금까지 가능했던 평범한 일이 불가능해지면 우울해지고 기억이 사라져 가는 공포에 가슴이 답답해집니다.

마음이 가라앉으면 일상생활에 지장이 생기고 맙니다. 치매를 악화시키기만 할 뿐인 이 악순환은 얼른 끊어내야만 합니다.
특히 루이소체형 치매에서 많이 나타나는 증상이니 주의 깊게 지켜 보시기를 바랍니다.

치매 환자들은 우울해지면 '죽는 게 낫겠다' 라는 말을 많이 합니다. '근데 저는 할머니가 안 계시면 슬프고 싫어요' 라며 등만 어루만져줘도 큰 위안을 받을 수 있습니다…….

아무리 인지 능력이 저하하더라도 정동은 사라지지 않습니다. 기쁨이나 즐거움 등의 긍정적인 정동에는 우울한 마음을 없애주는 힘이 있습니다.

또, 치매 환자의 장점이나 도와줘서 기뻤던 일 등 긍정적인 화제를 제공하여 기분이 밝아질 수 있도록 해줍시다.

# 27

# '당신한테 도움받고 싶지 않아!'
## 라고 말할 때

### 대응 힌트

화를 내고 싶겠지만, 꼭 참고 진정된 마음으로 대화를 시도해 보십시오. 서로를 위해 대화를 시도한 후, 잠시 거리를 두는 방법도 있습니다.

### 대화 시도의 예

'죄송해요. 깜빡하고 싫어하시는 어묵을 드렸네요.'

'난처한 일이 생기면 말씀해 주세요.'

### 올바르지 못한 대화 시도의 예

◆ '됐으니까 ○○해 주세요.'

➜ 강요하지 맙시다.

어느 날, 갑자기 이유를 알 수 없게 간병을 거부한다면 간병인 측에서는 간병 '거부'처럼 느껴지지만, 치매 환자에게는 '싫다는 의사 표현'일 뿐입니다.

이럴 때는 무엇이 싫었는지를 얼른 찾아서 해결합시다.

이미 기분이 상해서 말도 붙이기 힘들 때는 잠시 시간을 두어야 합니다. '난처한 일이 생기면 말씀해 주세요' 라고 말한 후, 잠시 거리를 두고 상태를 살핍니다. 그리고 잠시 시간이 흐른 뒤에 '뭐하고 계세요?' 등과 같이 가벼운 화젯거리로 대화를 시도해 보면 기분이 나아져 있을 수 있습니다.

▲ 다른 사람 앞에서 '기저귀 갈아드릴까요?' 등과 같은 말에 상처를 입고 간병을 거부하기도 하므로 자존심에 상처를 주지 않도록 신경을 써서 간병해야 합니다.

# 28

# 무슨 말을 하는지 몰라
## 대화가 성립되지 않을 때

### 대응 힌트

대화를 주고받기 힘들어져도 치매 환자의 즐거운 대화 상대만 되어줘도 충분합니다.

### 대화 시도의 예

'그래요? 그렇군요.'

(자르는 물건이라는 말을 들었을 때)
'가위 말씀하시는 건가요?'

### 올바르지 못한 대화 시도의 예

◆ '무슨 말씀하시는지 전혀 모르겠어요.'

→ 전면 부정은 하지 맙시다.

◆ '바쁘니까 나중에요!'

→ 거절은 차가운 인상은 줍니다.

치매 환자는 본인이 이야기한 사실을 잊고 몇 번이고 똑같은 이야기를 할 뿐만 아니라 갑자기 화제를 바꾸거나 대답에 갈피를 잡지 못하는 등 대화를 주고받기 힘들어집니다.

단어가 쉽게 떠오르지 않아 '저거', '그거' 등 지시대명사로만 말할 때도 많죠.

간병인은 '제대로 대화하고 싶다' 라고 생각하겠지만, 치매 환자는 고독감을 치유하기 위해 '들어주면 좋겠다', '대화 상대가 필요하다' 라는 생각에 간병인의 관심을 끌고 싶어 하는 경우가 많습니다. 따라서 대화를 올바르게 성립시키는 것이 필수 요소가 아니라 치매 환자의 고독감이나 간병인의 마음을 끌고 싶은 마음을 충족시켜 주면 된다고 생각해 봅시다.

어떻게 대답해야 할지 곤란할 때는 '그래요?', '아, 그렇구나' 라고 맞장구만 쳐도 됩니다.

또 '자르는 물건은 어디에 있어?' 등과 같이 단어를 떠올리지 못할 때는 퀴즈라고 생각해 봅시다. '가위? 아니면 칼 말씀하시는 건가요?' 등과 같이 대화를 나누며 퀴즈의 대답을 찾아보십시오. 이 공동 작업을 통해 치매 환자는 '어차피 내 마음을 알아주지 못한다' 라는 고독감에서 벗어날 수 있습니다.

# 29

# 잘못된 것을 믿고
# 양보하지 않을 때

## 대응 힌트

반론하더라도 문제는 해결되지 않고 감정의 골만 깊어집니다. 물리적으로 거리를 두어 잘 진정시켜 봅시다.

## 대화 시도의 예

'죄송하지만, 잠시 화장실에 다녀올게요,
금방 돌아올게요.' (라고 말한 후 방에서 나온다)

'네, 알겠어요. 그런데 갈증은 안 나세요?
차를 좀 내올까요?'

## 올바르지 못한 대화 시도의 예

◆ '아니라니까요!'
➡ 싸우면 감정의 골만 깊어집니다.

◆ '네네, 그렇고 말고요.'
➡ 무시하는 듯한 태도는 갈등을 느낄 수 있습니다.

치매 환자는 대체로 잘못된 내용을 주장할 때가 종종 있습니다. 잘 나가다가 IMF를 통해 도산한 회사의 주식을 '가격이 오를 테니까 지금 당장 매수해 와!' 라고 말이죠.

분명 그 당시 자신이 가장 화려하게 활약하던 시대를 '현재'라고 믿고 발언하는 것입니다.

치매 환자가 고도 성장기나 버블 시대를 '현재'라고 믿는 이상 '지금은 21세기라고요!' 라고 이야기하더라도 아무런 소용이 없습니다. 치매 환자는 부정당했다는 사실에 흥분하여 싸움만 날 뿐입니다…… 그렇게 되면 서로의 감정만 소모되어 괴로운 기억만 남게 됩니다.

능숙히 받아넘기며 화제가 시간의 저편으로 지나가기를 기다립시다. 만약 참을 수 없는 상황으로 치닫는다면 그 자리를 벗어나십시오. 단, 아무 말 없이 자리를 떠나서는 안 됩니다. '도망치는 거냐!' 라는 폭언으로 이어질 수 있기 때문입니다.

냉정한 말투로 '잠시 화장실에 다녀올게요' 등과 같이 이유를 말한 후에 자리를 떠납시다.

# 갑자기 반항적인
## 태도를 보일 때

### 대응 힌트

슬픔, 불안, 능숙히 해내지 못하는 일에 대한 짜증 등, 말로 표현할 수 없는 우울함을 이해하며 대화를 시도해 주십시오.

### 대화 시도의 예

'왜 그러세요? 무슨 안 좋은 일이라도 있었나요?'

'괜찮으세요? 제가 도와 드려도 될까요?'

### 올바르지 못한 대화 시도의 예

◆ '진정하세요.'

→ 스스로 진정하지 못해 힘들어하고 있는 것입니다.

◆ '그럼, 전부 혼자서 하세요.'

→ 냉대하면 불안함만 늘어납니다.

치매 환자는 항상 불안에 시달립니다.

질병이 진행되면 난 어떻게 되는 거지? 나를 챙겨주는 가족에게 버림받지는 않을까……. 불안은 짜증으로 변하여 간병인에게 화를 내기도 합니다.

또한 지남력 상실로 인해 간병인을 인식하지 못하게 되어 '넌 누구야!' 라며 반항적으로 굴거나 예전에 싸웠던 기억이 갑자기 떠올라 짜증을 내는 경우도 있습니다.
결국 치매 환자는 평정을 잃고 짜증으로 가득 차게 됩니다.

짜증이 난 이유를 헤아려주고 동정해주며 어떻게든 도와주고 싶다는 마음을 보여 줘야 합니다.
'왜 그러세요? 무슨 안 좋은 일이라도 있었어요?'
'그저께부터 대변을 못 보시네요, 배가 더부룩해서 힘드신가요?'

이때 부드러운 목소리로 살며시 손을 잡아주는 것도 좋은 방법입니다.
불안한 심리의 원인을 찾아 마음이 짜증에서 안심으로 변할 수 있도록 함께 노력해 봅시다.

# 31

# 가족의 험담을
## 퍼트릴 때

### 대응 힌트

질책은 백해무익하다는 점을 명심하시기 바랍니다. 이야기를 잘 들어주고 타이밍을 잘 살펴서 정신을 다른 곳으로 돌리는 것이 비결입니다.

### 대화 시도의 예

'그래요? 그렇군요 (부정하지 않고 수긍한다). …… 어머, 벌써 12시네요. 더우니까 점심은 국수를 먹을까요?'

### 올바르지 못한 대화 시도의 예

◆ '왜 거짓말하는 거예요!'

➡ 질책하지 맙시다.

◆ '이웃들에게 있지도 않은 얘길 하다니 창피해 죽겠네!'

➡ 야단치지 맙시다.

◆ '당신이 하는 말은 믿을 수가 없어요.'

➡ 냉대하지 맙시다.

치매 환자가 아무런 근거도 없이 다른 사람을 험담하거나 실제로 일어나지도 않은 악행을 퍼트리는 행위를 '작화' 라고 합니다.

그 주인공은 간병인인 경우가 많아 몸과 마음을 다해 간병하는 사람에게는 화가 머리끝까지 차오를 수 있는 일일 수 있으나 이럴 때일수록 냉정을 되찾아야 합니다. 야단을 치거나 주의를 주면 오히려 소설 쓰는 수위만 높아질 뿐입니다.

치매 환자의 마음속에는 발병 전과 똑같이 인간으로서의 존엄과 자존심이 확실히 존재하고 있습니다. 그런데 간병을 받고 있는 현재 상황이 아주 민망하고 한심하게 느껴져 인정하지 못하는 지경에 이르게 됩니다. 따라서 '나는 피해자다. 나쁜 사람은 가족들이다!' 라는 말도 안 되는 이야기를 만들어 내서 자신을 정당화하려 하죠.

그런 마음을 헤아려 이런 이야기를 부정도 긍정도 하지 않고 타이밍을 잘 봐서 정신을 다른 곳으로 돌려야 합니다.

아주 잘 지어낸 이야기인 경우에는 이웃들이 진심으로 받아들일 수 있으니 사전에 '저희 할아버지가 무슨 말씀을 하셔도 적당히 수긍해주고 받아넘겨 주세요' 라며 사정을 말하고 양해를 구해두면 조금이라도 안심할 수 있을 것입니다.

# 어디에 가던
## 간병인에게 붙어 있으려 할 때

### 대응 힌트

'안심'이 그 무엇보다 좋은 묘약입니다. 질병에 대한 불안함이나 가족에 대한 부정적인 시선을 줄일 수 있도록 상냥한 말을 전해 봅시다.

### 대화 시도의 예

'괜찮아요, 제가 계속 옆에 있을게요.'

'우리에게 어머니는 아주 중요한 존재예요.'

### 올바르지 못한 대화 시도의 예

◆ '화장실까지 따라오지 마세요!'

→ 냉대하면 오히려 불안함만 커집니다.

◆ '그만 하세요.'

→ 누군가에게 의지하면 좋을지 몰라 절망에 빠집니다.

치매 초기 환자는 일상생활도 비교적 문제없이 보낼 수 있어 발병 전과 변함이 없어 보입니다. 하지만 '앞으로 어떻게 되는 거지?', '여러 가지 불가능한 일이 늘어나서 걱정된다' 라는 등의 막연한 불안감을 안고 있습니다. 그 불안감 때문에 자신의 주변 사람이 사라지는 망상이 생기나 간병인과 떨어지지 않으려는 집착으로 발전합니다.

게다가 치매가 진행되면 목적을 수행하기 위해 어떻게 해야 할지 알지 못하게 되는 '수행능력 장애'도 발병하여 집착의 원인이 됩니다. 지금까지 아무렇지 않게 수행할 수 있었던 일들…… 예를 들어 저녁 찬거리 사러 가기, 전자제품 사용하기, 머리를 빗고 몸단장을 정돈하는 등, 생활 속 다양한 작업이 불가능해지므로 불안해질 수밖에 없습니다.

따라서 의지할 수 있는 사람(간병인)과 떨어지지 않으려 하고 간병인과 떨어지면 살아갈 수 없어 마치 생명줄을 잃는다는 생각에 간병인을 쫓게 됩니다. 그러니 '따라오지 말라'는 말은 금물입니다. '화장실에 갔다가 금방 돌아올 테니까 그때까지 텔레비전을 보고 계세요' 라는 항상 안심감을 주는 표현이 무엇보다 좋은 대응책입니다.

· dementia ·

# 33

# 때리거나 난폭하게 구는 등의
## 폭력적으로 행동할 때

### 대응 힌트

진심으로 다가가 상냥하게 대하여 짜증을 줄여 줍시다. 질책하면
역효과가 날 수 있습니다.

### 대화 시도의 예

'왜 그러세요? 안 좋은 일 있었어요?'

'괜찮으세요? 이야기를 들려주세요.'

### 올바르지 못한 대화 시도의 예

◆ '적당히 좀 하세요.'

➡ 질책하면 역정을 낼 수 있습니다.

◆ '그렇게 난폭하게 굴면 보기 안 좋아요!'

➡ 치욕과 부정은 문제 해결만 지연시킵니다.

치매 환자는 이성적인 판단이 힘들 뿐만 아니라 감정을 조절하는 일이 서툽니다.

분노의 스위치가 켜지는 원인은 '험담이 들린다' 라는 피해망상, 컨디션 불량, 하고 싶은 말이 제대로 나오지 않아 생기는 짜증, 생각과 다른 취급을 받는 일 등 다양합니다. 원인을 파악하면 곧바로 대응할 수 있지만, 그 전에 우선 폭언이나 폭행 등의 공격적인 행동을 멈추게 하는 것이 무엇보다 중요합니다.

'그만 하세요!' 라고 소리를 질러도 대소변 실수는 곧바로 해결할 수 있는 문제가 아니므로 이해받지 못한다는 짜증만 늘어날 뿐입니다. 무엇이 마음에 들지 않는지, 그 사람의 자유롭지 못한 부분과 힘듦에 공감하는 것이 중요합니다. 위험하지 않다면 마음이 가라앉을 때까지 지켜보는 것도 한 가지 방법입니다.

그리고 본인의 주장을 찬찬히 들어봅시다. 그 안에 분노의 힌트가 있습니다. 만약 신체 접촉을 하더라도 분노를 사지 않을 분위기라면 부드럽게 등을 어루만지거나 손을 잡아주면 서서히 진정될 것입니다.

# 34

# 쓰레기밖에 되지 않는
## 물건을 모을 때

### 대응 힌트

치매 환자가 자주 보이는 행동입니다. 환자 본인에게는 쓰레기가
아니니 가치 있는 물건으로 이해해 주는 것이 중요합니다.

### 대화 시도의 예

'우와, 굉장해요! 좋은 물건을 발견했네요.'

(버린 것을 들켰을 때)
'죄송해요, 멋대로 버리려 해서……'

### 올바르지 못한 대화 시도의 예

◆ '쓰레기는 좀 주워 오지 마요!'

➔ 본인에게는 귀중품이나 다름없어서 말뜻을 이해하지 못합니다.

◆ '버리고 와요!'

➔ 단호한 부정은 금물입니다.

치매 환자는 어디에서 쓰레기밖에 되지 않는 물건을 주워 와서는 집에 두려는 행동을 자주 보입니다. 이는 쓰레기를 불필요한 물건이라고 판단하지 못하는 인지 능력의 저하와 불안감을 완화하려는 행위입니다.

치매 환자는 쓰레기에 가치를 두어 '언젠가 쓸모가 있겠지' 라는 생각에 가져오므로 멋대로 처분하려 하면 불신감만 살 수 있습니다. 또 '버리고 와요!' 라고 말해서도 안 됩니다.

쓰레기에 가치를 두려는 생각을 이해하고 그 가치는 부정하지 않고 환자를 대하는 방식에 신경을 써야 합니다. 그렇다고 해서 쓰레기를 집에 쌓아두면 생활에 지장이 생길 수 있으니 위험한 물건이나 부패한 음식은 처분해야만 합니다.

가능한 한 눈치를 채지 못하도록 슬쩍 조금씩 처분합시다. 그리고 만약 처분한 사실을 눈치 챈다면 '멋대로 버려서 죄송해요' 라고 사과해야 합니다.
또 쓰레기를 주워 오는 행동에 의식이 집중되지 않도록 현관 청소나 쓰레기 배출 등 일상적인 역할을 도맡아 처리할 수 있도록 합시다.

# 35

# 더러운 옷을
## 계속 입고 있을 때

### 대응 힌트

무리해서 벗기려고 하면 감정의 골만 깊어집니다.
강요하지 말고 자연스럽고 현명하게 대처해 봅시다!

### 대화 시도의 예

'오늘 참 덥죠? 웃옷을 벗으면 시원할 거예요.'

'오늘은 손주 ○○(이)가 놀러 왔어요.
자, 가장 좋은 옷으로 갈아 입을까요?'

### 올바르지 못한 대화 시도의 예

◆ '계속 똑같은 옷만 입고 있으면 더럽잖아요!'

➔ '더럽다'는 말은 부정적인 표현입니다.

◆ '이제 세탁해야 하니까 얼른 벗어요!'

➔ 재촉하지 맙시다.

치매 환자는 옷이 더러워지더라도 계속 입고 있는 이유는 무엇일까요? 단순히 옷 갈아입기가 귀찮기도 하겠지만, 냄새를 잘 감지하지 못하고, 기온 변화에 대한 둔감함 등 치매가 원인인 경우도 있습니다.

여름이 되어서도 두꺼운 옷을 입어서 탈수증이 걸리는 사례도 있으니 건강 측면에서도 방치해서는 안 됩니다.

**하지만 단순히** '냄새 나니까 갈아입자'라거나 '더러우니까 세탁하자'라고 말해서는 안 됩니다. '냄새 난다', '더럽다'라는 부정적인 표현만 마음에 남아 자존심에 상처를 주어 치매 환자는 속으로 '바보 취급당했다', '너무하다'라는 불신감이 생겨 외고집을 부리기도 합니다.

'누가 오니까', '외출해야 하니까' 등의 '단장을 위한 환복'이라는 표현으로 설렘을 주어야 옷을 갈아입고 싶은 마음이 들 수 있습니다.

이러한 대화 시도로 환복을 유도하기 어렵다면 자연스럽게 소유하고 있는 의류를 청결한 옷으로 바꿔 봅시다. 좋아하는 의류와 비슷한 색상, 형태, 소재의 옷을 여러 장 준비하여 타이밍을 잘 봐서 교체합니다.

# 36

# 목욕하기
## 싫어할 때

## 대응 힌트

목욕하기 싫어하는 이유마다 대처법도 다양합니다. 강요하면 반감만 생길 뿐이니 목욕에 긍정적인 생각이 들도록 방법을 모색해 봅시다.

## 대화 시도의 예

'오늘은 유자 입욕제를 넣었어요. 느긋하게 욕조에 몸 좀 담가 볼래요?'

'밖에서 기다리고 있을 테니 무슨 일이 있으면 불러 주세요.'

'족욕만이라도 어떠세요?'

## 올바르지 못한 대화 시도의 예

◆ '불결하니까 씻어요.'

→ '불결'은 부정과 치욕만 느끼게 할 뿐입니다.

◆ '씻어야만 해요!'

→ 강요는 반발심을 키웁니다.

목욕하기 싫어하는 이유는 무엇일까요? 그 이유부터 찾아봅시다.

• 외출하지 않았으니 필요없다······ 외출할 기회를 만듭시다. 전문 복지 시설도 좋고, 백화점으로 쇼핑을 가도 좋습니다. 아무튼 약간 꾸며서 외출한다는 구실로 '내일은 외출할 거니까 씻어볼까요?' 라고 유도해 봅시다.

• 목욕하기 귀찮다······ '오늘은 유자 입욕제를 넣었어요. 온천 느낌을 내보는 건 어떠세요?' 등과 같이 목욕에 대한 긍정적인 생각이 들 수 있도록 대화를 시도해 봅시다.

• 목욕 도움을 받기가 부끄럽다······ 누구나 타인 앞에서 나체로 있기 부끄러울 수 있습니다. 게다가 씻어주기까지 하니 고생시키는 것 같아 미안한 마음도 들 수 있습니다. 그럴 때는 '밖에서 기다리고 있을 테니까 무슨 일 있으면 말씀해 주세요', '등만 씻겨 드릴게요. 나머지는 직접 해 보세요' 등과 같이 적당히 거리를 유지해 봅시다.

• 목욕하는 순서를 잊었다······ 목욕 순서를 적은 종이를 코팅 필름 등으로 방수 처리하여 욕실에 붙입니다.

글씨와 함께 그림을 그려두면 더 쉽게 이해할 수 있습니다.

# 화장실에 가지 않거나
## 잘 사용하지 못할 때

### 대응 힌트

가능한 한 오랫동안 본인 스스로 배설을 관리할 수 있도록 대화 시도나 의류 개선 등의 방안을 모색하여 정확하게 도와 줍니다.

### 대화 시도의 예

'고무줄 바지니까 쉽게 벗을 수 있어요.'

'저도 화장실에 가고 싶은데 같이 가실래요?'

### 올바르지 못한 대화 시도의 예

◆ '이제는 기저귀가 나으려나?'

➔ 일명 '만들어진 장애'가 생길 수 있습니다.

◆ '또 실수했어요?'

➔ 치욕스럽다는 생각에 신뢰 관계가 무너질 수 있습니다.

실수를 했다고 단순히 '기저귀를 차는 게 낫겠다' 라고 생각하지 말고 스스로 화장실에서 배설할 수 있도록 도움을 줍시다. 가능한 한 오랫동안 스스로 처리하면 인지 능력 저하를 방지하는 효과도 기대할 수 있습니다.

배설하고 싶어 하는 징후가 포착된다면 '화장실에 같이 갑시다' 라고 말을 걸어 보십시오. '혼자서 할 수 있어!' 라고 말한 후에 혼자 화장실에 들어갔지만, 난처해하는 환자에게는 '괜찮으세요? 도와드려도 될까요?' 라고 말하며 도움의 손길을 내밀어 보십시오. 또 화장실 위치를 헷갈려 하는 경우에는 집안 곳곳에 큰 글씨로 '화장실은 이쪽 →' 등과 같은 문구를 붙여 둡니다.

▲ 치매 환자의 자존심에 상처를 입히지 않도록 적당한 거리감을 유지하여 도와줍시다.

# 38

# 절반 분량만
## 먹으려 할 때

## 대응 힌트

치매 증상인 '편측 공간무시'일 가능성이 있습니다. 음식을 남겼다고 질책하지 말고 접시의 방향을 바꿔보는 등의 방법으로 대처해 봅시다.

## 대화 시도의 예

'혹시 샐러드가 마음에 안 드세요?'

'(접시의 방향을 바꾸며) 이번엔 이것도 드셔 보세요.'

## 올바르지 못한 대화 시도의 예

◆ '그러면 안 돼요, 음식은 남기면 안 돼요!'

➡ 질책하지 맙시다.

◆ '입에 맞는 음식으로 가져올까요?'

➡ 편측 공간무시에는 그다지 도움이 되지 않는 방법입니다.

치매 환자는 뇌의 능력이 저하하므로 아주 희한한 행동을 취하기도 합니다. 그 중 하나가 '감각무시'입니다.

편측 공간무시란 뇌 안에 있는 방향을 통한 자극을 잡아내는 부위에 위축 등이 일어나 생기는 장애입니다. 시력 문제가 아니라 눈으로는 확실히 보이는데 그 시각 정보를 뇌에서 잡아내지 못해 결국 없는 것과 똑같다고 판단하고 맙니다. 접시에서 절반 정도만 음식을 남기는 경우, 감각무시로 인해 먹지 않는 부분의 시각 정보가 전달되지 않아 없다고 판단하고 있을 가능성이 있습니다.

편측 공간무시가 의심될 때는 그림을 그려 보라고 하면 금방 알 수 있습니다. 오른쪽 절반은 그리지 않는 등 뇌가 어떻게 시각 정보를 받아들이고 있는지를 알 수 있죠. 그림을 그려 보라고 할 때는 강요하지 말고 어디까지나 즐거운 오락의 일환으로 느낄 수 있도록 진행해 주십시오. 시험한다고 생각하면 치매 환자의 자존심에 상처를 입힐 수 있습니다.

편측 공간무시라는 사실을 알게 되었다면 접시에 절반만 식사를 마친 단계에서 접시를 돌려서 인식할 수 있는 쪽으로 보여주면 도움을 줄 수 있습니다.

# 39

# 식사하려 하지
# 않을 때

## 대응 힌트

식사를 하지 못하는 이유를 찾아 문제를 확실히 해결해 봅시다. 문제없이 식사를 할 수 있도록 환경을 정비해보는 것도 중요합니다.

## 대화 시도의 예

'입 안이 아픈가요?'

'삼키기 힘든가요?'

'식기 전에 드세요.'

## 올바르지 못한 대화 시도의 예

◆ '텔레비전만 보지 말고 드세요.'

→ 질책하면 반발심만 삽니다.

◆ '잘 안 드시면 쓰러져요.'

→ 협박하지 맙시다.

치매 환자 중에는 눈앞에 음식이 있어도 손을 대지 않는 사람도 있습니다.

그 원인은 다양하지만, 치통이나 구내염 등의 통증이나 음식이나 음료를 쉽게 삼킬 수 없는 '연하장애(嚥下障礙, 음식물을 삼키기 어려운 증상)' 등의 신체 문제일 가능성도 있습니다. 그밖에도 변비나 복통 등의 신체 문제는 없는지 확인해 보십시오.

치매 때문에 집중력이 저하되므로 식사하는 동안에 가만히 있기 힘들어 하거나 텔레비전 등의 다른 자극에 신경이 쏠려 식사를 잊는 경우도 있습니다.

식사에 집중할 수 있도록 잡음을 제거한 후, '여기에 식사를 둘 테니까 식기 전에 드세요', '차 더 드릴게요' 등과 같이 적절히 대화를 시도하여 식사에 집중할 수 있도록 대처해 봅시다.

아니면 젓가락 사용 방법을 잊어서 어찌할 바를 몰라 할 수도 있습니다. 그럴 때는 마주 보이는 자리에 앉아서 젓가락을 사용해서 먹으며 자연스럽게 사용 방법을 보여줍니다. 치매 환자의 자존심에 상처를 주지 않도록 숟가락이나 포크 등을 가져오는 등 적절하게 대처해 주시기 바랍니다.

# 40

# 차량 운전을
## 그만두려 하지 않을 때

**대응 힌트**

환자 본인이 운전면허증 반납을 이해해주면 가장 좋겠지만, 사고
를 미연에 방지하기 위해서라도 운전하지 못하도록 지혜를 발휘
해 봅시다.

**대화 시도의 예**

'장보기라면 제가 같이 가드릴 테니 안심하세요.'

'지금까지 가족들을 위해서 오랫동안 운전해 주셔서
감사해요.'

**올바르지 못한 대화 시도의 예**

◆ '이제 운전하는 건 무리예요. 면허는 반납해야 해요!'

→ 호통을 쳐도 이야기만 복잡해질 뿐입니다.

◆ '누군가를 치기라도 하면 어떻게 할 거예요!'

→ 운전에는 자신이 있다고 반론할 것입니다.

이미 치매라고 진단받은 경우, 본인이나 가족이 진단서를 제출하면 면허 정지 및 취소 처리가 진행됩니다. 하지만 본인에게 비밀로 하고 가족이 몰래 취소 절차를 받으면 '멋대로 그런 일을 벌이다니!', '부모를 뭘로 보는 거야!' 라며 싸움으로 불거져 그 이후의 관계가 와해될 수 있습니다……. 가장 좋은 방법은 환자를 이해시킨 후에 운전면허증을 반납하는 것입니다.

우선은 솔직히 '위험하니까 운전하지 않았으면 좋겠다' 라는 마음을 전해 봅시다. 그리고 차가 없더라도 일상에 지장이 생기지 않도록 '장보기는 주말마다 슈퍼에 데려갈 테니까 안심하세요', '부족한 게 있으면 언제든지 전화하세요' 등의 대체안을 제시해 줍시다. 이런 이야기가 통하지 않을 때는 '오늘 차량 상태가 안 좋으니까 수리 맡겨야 해요' 라고 말한 후에 차량을 숨깁니다. 운전석 쪽 문을 열지 못하도록 벽에 붙여서 주차하는 방법도 효과적입니다.

'만약 사고가 일어나면 상대방뿐만 아니라 할아버지 목숨도 위험하잖아요' 라며 환자가 소중하기 때문에 말한다는 취지로 이야기하는 것도 중요합니다. 가족들이 나를 소중히 여긴다…… 그 사실만으로 운전면허증을 반납해야 하는 상실감을 채울 수 있는 힘이 될 수 있습니다.

# 41

## 방문 판매원 등에게
## 돈을 줬을 때

### 대응 힌트

질책하지 말고 본인을 안심시킬 수 있도록 대화를 시도합니다.
재발 방지를 위해서 '혼자' 두지 않는 것이 중요합니다.

### 대화 시도의 예

'혼자 둬서 미안해요.'

'괜찮아요. 제가 어떻게든 해결해 드릴게요.'

### 올바르지 못한 대화 시도의 예

◆ '왜 돈을 준 거예요!'

➜ 질책하지 맙시다.

◆ '왜 모르는 사람이랑 이야기하셨어요!'

➜ 가장 큰 문제는 환자를 혼자 둔 것입니다.

치매 환자는 사람의 표정 속에 있는 악의를 쉽게 파악하지 못합니다. 활짝 웃는 붙임성 있는 사람은 '좋은 사람'이라고 믿어 버리죠. 따라서 자신의 이야기를 가족처럼 들어주면 고독감이 나아짐과 동시에 상대에게 친근한 정이 생겨 '이 사람은 좋은 사람!'이라고 믿어 버리므로 악덕 상술의 타깃이 될 수밖에 없습니다.

하지만 진짜 문제점은 치매 환자가 악덕 판매원에게 속아 돈을 건네고 계약을 체결하는 것이 아니라 그런 안 좋은 사람과 치매 환자가 1대 1로 이야기가 이루어질 수 있는 환경입니다.

판단 능력이 저하된 치매 환자를 혼자 두면 굉장히 위험할 수 있습니다. 악덕 판매원이 말하는 대로 모두 받아들일 뿐만 아니라 불단속이 허술해질 수 있고, 물을 끄지 않은 채로 두거나, 현관문을 제대로 잠갔는지도 걱정이 될 수 있습니다. 혼자 살기 어려울 뿐만 아니라 가족과 함께 살더라도 혼자서 집을 지키게 해서도 안 됩니다.

그러기 힘들다는 마음도 충분히 이해는 되지만, 환자를 질책하지 말고 안심감을 주는 대화 시도로 관계를 돈독히 쌓아 재발을 방지합시다.

# 42

# 물건을
# 훔치려 할 때

## 대응 힌트

안 좋은 행동이라고 인식한 상태에서 물건을 훔치는 것은 아닙니다. 옳고 그름을 판단하지 못하니 질책하지 말고 미연에 방지하기 위해 대화를 시도해 봅시다.

## 대화 시도의 예

'이게 마음에 드세요? 그럼 결제하고 올게요.'

'쇼핑할 거면 같이 가요.'

## 올바르지 못한 대화 시도의 예

◆ '뭐 하는 거예요! 그럼 안 돼요.'

→ 질책해도 고칠 수 없습니다.

◆ '그건 절도예요.'

→ 판단 능력 저하로 이해하지 못합니다.

절도 등의 반사회적 행동은 전두측두엽 치매의 특징적인 증상이 지만, 알츠하이머 치매에서 나타나기도 합니다. 전두측두엽 치 매는 행동의 옳고 그름을 판단할 수 없으므로 멋대로 상품을 가 져오지만, 알츠하이머 치매는 기억장애로 결제 행위 자체를 잊는 경우가 많습니다.

이러한 경우에는 '안 좋은 행동이니까 그만해' 라는 말로는 개선 할 수 없습니다. 물건을 살 때는 옆에서 지켜보면서 어떤 물건을 가져가려고 할 때 '이걸로 하실래요? 결제할까요?' 라고 자연스럽 게 물건을 건네 받아 미연에 방지합시다. 또, 가게에 사정을 설명 하여 선결제 또는 후결제를 해두는 것도 한 가지 방법입니다.

▲ '결제할까요?' 라고 말을 걸 때는 되도록 상냥하고 세심하게 해야 합니다.

# 43

# 배설 실수를
## 했을 때

## 대응 힌트

간병인의 환자에 대한 대응 방식을 통해 '대소변 실수는 부끄러운 일'이라는 부정적인 사고를 얼마나 완화할 수 있는지가 최대 핵심입니다.

## 대화 시도의 예

'괜찮아요. 금방 깨끗하게 해드릴게요.'

'신경 쓰지 마세요. 누구든 할 수 있는 실수니까요.'

'개운하시죠? 변비 기운이 있었는데 나와서 다행이네요!'

## 올바르지 못한 대화 시도의 예

◆ '뭐 하는 거예요!'

➔ 인격은 부정하지 맙시다.

◆ '으악, 더러워!'

➔ 수치심만 늘어납니다.

치매 환자의 대소변 실수는 증상 중 하나……라고 생각하면 간단하지만, 치매 환자 입장에서는 받아들이기 힘든 현실입니다. 치매 중기까지는 대소변 실수를 한 자신에게 충격을 받고 눈물을 흘리는 환자도 있습니다.

남성은 전립선비대증, 여성은 복압으로 인한 대소변 실수 등 노화에 따라 대소변 실수가 달라지며, 치매 환자는 화장실 위치를 파악하지 못하거나 바지 지퍼를 내리지 못하는 등 인지 능력 장애가 원인이 되어 대소변 실수를 저지릅니다.

수치심이나 한심함은 마음 깊이 상처가 됩니다. 더구나 의도치 않게 저지른 대소변 실수를 '더럽다', '뭐 하는 거냐!' 등과 같이 질책하면 몸둘 바를 몰라 삶의 의욕조차 잃을 수 있습니다.

'괜찮아요.', '누구나 할 수 있는 실수니까요', '신경 쓰지 마세요' 등과 같이 위로가 되는 말이나 '개운하시죠?', '변비였는데 나와서 다행이네요' 등과 같이 긍정적으로 표현해 봅시다. 또, 화장실까지의 안내 문구를 크게 표시하기, 입고 벗기 편한 옷을 입히기, 정기적으로 화장실로 유도하기 등 대소변 실수가 일어나지 않도록 방안을 모색해 봅시다.

# 44

# 대소변 실수로
# 오염된 옷을 숨겼을 때

## 대응 힌트

치매 환자의 수치심이나 간병인에게 민폐를 끼치고 싶지 않으려는 배려심을 존중하여 '상냥함과 평상심'에 신경을 써 주십시오.

## 대화 시도의 예

'괜찮아요. 누구에게나 있을 수 있는 일이니까요.'

'더러워진 속옷은 세탁 바구니에 넣어주세요.'

## 올바르지 못한 대화 시도의 예

◆ '더럽잖아요! 왜 숨긴 거예요!'

➡ 비난과 부정은 하지 맙시다.

◆ '또 옷에 지린 거예요……?'

➡ 치욕은 존엄성을 훼손시킵니다.

치매 환자가 더러워진 속옷을 숨기는 일은 흔한 일입니다. 만약 우리가 배설 실수로 속옷이 더러워진다면 '앗, 이런!'이라는 생각이 들며 몸을 잔뜩 움츠린 채로 그 누구에게도 알려지지 않길 바랄 것입니다. 치매 환자도 마찬가지입니다.

배설 실수로 자존심에 상처를 입는 동시에 '사실을 인정하고 싶지 않다' 라거나 '누군가에게 들키면 창피할 것이다' 라고 생각하게 됩니다. 하지만 인지 능력의 저하 때문에 스스로 세탁하지는 못해서 숨기게 되는 것이죠.

질책하거나 유난스럽게 소란을 피우지 말고 대화 시도의 예시와 같이 말을 걸어서 안심시켜 봅시다. 그러면 이후의 간병도 원활히 진행할 수 있을 것입니다.

▲ 가능한 한 자연스러운 대화 시도를 통해 신속히 의류를 세탁하는 것이 좋습니다.

# 45

## 똑같은 물건을
## 사 왔을 때

대응 힌트

무의식적인 행동이므로 단순히 말리려고 하면 개선할 수 없습니다. 마음을 돌릴 수 있도록 대화를 잘 시도해 봅시다.

**대화 시도의 예**

'오늘은 이게 더 저렴하대요.'

'이것도 입어 보시게요?'

**올바르지 못한 대화 시도의 예**

◆ '이렇게 많이 사서 어쩌시게요!'

➔ 왜 화를 내는지 이해하지 못합니다.

◆ '이제 쇼핑 금지예요!'

➔ 할 수 있는 일을 중단시키지 맙시다.

치매 환자가 몇 번이고 반복해서 같은 행동을 하는 증상을 '정형 행동(定型行動)'이라고 부릅니다. 똑같은 물건을 사오거나, 같은 장소를 빙글빙글 돌다가 오거나, 발을 동동 구르기도 합니다.

이러한 행동 모두 완전히 무의식적인 행동이므로 본인이 제어할 수 없을 뿐만 아니라 멈추려고 하면 패닉에 빠질 수 있으니 주의가 필요합니다.

정형 행동에는 가능한 한 곁에서 이해하려는 노력이 중요합니다…… 하지만 아무래도 똑같은 물건만 사오면 다 사용할 수 없으니 처리하기 곤란할 수 있습니다. 물건을 사러 갈 때는 치매 환자를 혼자 두지 말고 반드시 동행해 주십시오.

그때도 억지로 행동을 제한하지 말고 가능한 한 치매 환자 곁에 있어주는 것이 중요합니다.

똑같은 물건을 사는 경우에는 다음과 같이 다른 상품을 어필해 봅시다.

'오늘은 이게 더 저렴해요', '가끔은 유명 제조사 물건을 사용해 보시는 건 어떠세요?' 등과 같이 말이죠. 또 '전 이쪽도 좋은 거 같은데 어떠세요?' 등 대화를 통해 한 물건에만 집중하지 않도록 유도해 보십시오.

# 배회할 때

## 대응 힌트

어떻게 해서든 혼자 두지 말아야 합니다.
같이 산책한 후에 어느 정도 만족했을 때 귀가를 유도해 봅시다.

## 대화 시도의 예

'같이 가도 될까요?'

'꽤 걸었더니 목 마르시죠.
집으로 돌아가서 차라도 마실래요?'

## 올바르지 못한 대화 시도의 예

◆ '어디에 갈 생각이에요? 돌아오세요.'

→ 명령에는 따르지 않습니다.

◆ '멋대로 어슬렁거리지 마세요!'

→ 질책은 의미가 없습니다.

배회는 치매 환자가 자주 보이는 행동으로, 단순히 산책을 원해서가 아니라 반드시 어떤 목적 때문에 돌아다니는 것입니다. 그 목적을 파악하여 적절히 대처하면 배회하지 않게 됩니다.

계속 야간 순찰을 돌았던 전직 경비원이었던 입원 환자를 예로 들어 보겠습니다. 지금도 현직에 있다는 생각에 한밤중에 병원 안을 돌아다니고 있길래 '이쪽 순찰은 제가 돌 테니 좀 쉬세요' 라고 말했더니 배회를 멈춘 적도 있었습니다.

하지만 이러한 목적을 이해하려면 어느 정도 시간이 걸리니 지금 당장 배회를 그만두게 하려면 이렇게 대화를 시도해 보십시오.

• '같이 가도 될까요?'······ 같이 돌아다니면서 날씨나 계절, 식사 등 시시콜콜한 이야기를 하다 보면 마음이 진정됩니다.

• '걸었더니 목 마르시죠? 집에서 차라도 한 잔 할까요?'······ 마음이 진정된 타이밍을 잘 살펴봐서 이야기해 봅시다. 억지로 집에 데려가면 반발심만 생기므로 어디까지나 스스로 돌아갈 마음이 생길 수 있도록 유도하는 것이 핵심입니다.

# 환각으로
# 두려움에 떨 때

**대응 힌트**

본인에게는 '실제로 보이고 들리고' 있습니다.
환자에게는 정말로 무섭고 괴로운 일이니 부정하지 마십시오.

**대화 시도의 예**

'그랬어요? 그것참 무서우셨겠어요.'

'괜찮아요. 제가 있잖아요.'

'제가 쫓아낼게요.'

**올바르지 못한 대화 시도의 예**

◆ '아무것도 없잖아요.'

➜ 부정하지 마십니다.

◆ '이상한 소리하네 (웃음).'

➜ 비웃음은 절대 금물입니다.

◆ '적당히 좀 해요!'

➜ 질책한다고 해결되지 않습니다.

실제로 존재하지 않는 무언가가 보이는 환시, 소리가 나지 않는 데 무언가가 들리는 환청. '무슨 바보 같은 소리예요' 라고 부정해서는 안 됩니다.

치매 환자에게는 보이고 들리는 '현실'이므로 '없다' 라거나 '들릴 리가 없다' 라는 말은 자신이 보고 들리는 현실을 부정하는 것과 마찬가지입니다. '응? 다른 사람한테는 안 보이는 건가?', '이렇게 잘 들리는데 왜 몰라 주는 거야?' 라며 불안함이 늘어서 혼란에 빠집니다. 부정하면 할수록 점점 증상이 심해져 그야말로 악화 일로를 걸을 수 있습니다.

'벌레가 있다' 라고 말한다면 '제가 쫓아낼 테니 괜찮아요' 라며 손으로 내쫓는 시늉을 해봅시다. '아직 있어!' 라며 진정하지 못한다면 '어디에 있어요? 여기인가요?' 라며 찾는 척을 해 봅니다.

'제가 있으니 괜찮아요' 라고 부드럽게 손을 잡거나 등을 어루만지는 행동도 효과적입니다. 또, 밤에 창에 비친 자신의 얼굴을 보고 수상한 사람이라고 여겨 두려움에 떤다면 해가 지자마자 커튼을 치는 등 원인에 곧바로 대처해 봅시다.

# 48

# 갑자기 울면서
## 소리 지를 때

### 대응 힌트

감정을 주체하지 못하는 '감정실금'은 '원인을 찾아 대처하거나 공감을 통해 고독감이나 불안감을 치유하는 것'이 중요합니다.

### 대화 시도의 예

'왜 그러세요? 이불 때문에 더웠어요?'

'제가 같이 있어 드릴게요. 차를 마시면서
찬찬히 말씀해 보시겠어요?'

### 올바르지 못한 대화 시도의 예

◆ '시끄러워요, 조용히 해요!'

➔ 질책은 효과가 없습니다.

◆ '한밤중이라 이웃들에게 민폐예요!'

➔ 사회 통념으로 설득할 수 없습니다.

갑자기 소리 지르거나 흐느껴 울거나 때로는 폭언을 토해내거나 '죽고 싶다' 라면서 울기도 합니다. 이처럼 감정이 화산 분화처럼 폭발하는 증상을 '감정실금(感情失禁)'이라고 합니다. 간병인 입장에서는 '왜 이런 한밤중에?', '조금 전까지는 기분이 좋았었는데' 등 당황스럽기 그지없습니다.

원인은 다양한데, 며칠 전에 있었던 일이 떠오르거나, 환경이 바뀌었거나, 침구나 에어컨 바람이 불쾌하거나, 두통이나 복통 등의 컨디션 불량이 있을 수 있습니다. 원인을 파악하면 진정되기도 합니다.

'머리 아프세요?', '이불 때문에 더웠어요?' 등 원인을 찾았다면 동시에 '괜찮아요. 제가 같이 있어 드릴게요' 라는 말로 불안감을 누그러트려 안심시켜주는 것이 무엇보다 중요합니다. '차라도 마시면서 말씀해 보시겠어요?' 라며 고독감을 치유해주면 진정되기도 합니다.

'벌써 한밤중인데 무슨 생각이에요!', '제발 조용히 좀 해요!' 라며 충고하거나 질책하면 역효과만 납니다. 치매 환자는 '이 사람은 내 괴로움을 전혀 몰라준다' 라며 실망하고 오히려 불안감이 늘어나 감정실금을 억제하는 효과는 기대할 수 없습니다.

# 49

# 음식물이 아닌 것을
## 먹으려 할 때

---

### 대응 힌트

억지로 손으로 빼내려 하면 오히려 삼켜버릴 수 있습니다.
스스로 뱉어내도록 유도합시다.

---

### 대화 시도의 예

'요구르트 드릴게요.' (라고 말하며 더는 먹지 못하도록 치운다)

'그건 상한 거 같으니 뱉으시고 이 과자를 드세요.'

---

### 올바르지 못한 대화 시도의 예

◆ '왜 그런 걸 먹는 거예요!'

→ 증상으로 이해하고 대응합시다.

◆ '먹으면 안 돼요!'

→ 식사를 주지 않는다고 느껴 피해망상으로 이어집니다.

먹어서는 안 되는 것을 입에 넣는 '이식증'은 흙, 세제, 건전지, 기저귀, 자신의 대변 등 무엇이든 입에 넣으려는 증상을 말합니다. 치매 중기 이후에 자주 나타나며, 음식물이 어떤지 판단하지 못하는 인지 능력 저하, 불안이나 스트레스, 컨디션 불량이 원인이 되기도 합니다.

식품이라도 간장을 한 번에 마시려는 등 대량 섭취가 위험한 식품이나 조미료도 있으니 주의가 필요합니다.

무엇보다도 이식증에 걸리지 않도록 예방책이 중요합니다. 치매 환자의 행동 범위에 '먹으면 안 되는 것'은 두지 말고 서랍이나 찬장 등에 숨겨 둡니다. 또, 공복일 때 증상이 나타나기 쉬우니 적절히 간식을 제공하는 것도 효과적입니다.

이미 입 속에 넣은 것을 빼내야 할 때는 억지로 손으로 빼내려 해서는 안 됩니다. 싸움이 날 뿐만 아니라 손을 깨물어서 간병인이 다칠 수 있고 오히려 목 안쪽으로 이물질을 삼킬 수 있기 때문입니다. '그건 상했으니까' 라거나 '더 맛있는 게 있으니까' 라며 스스로 입에서 뱉을 수 있도록 대화를 시도해 주십시오.

# 성적인 언행을 할 때

### 대응 힌트

웃으면서 넘기면 오히려 더 심해질 수 있습니다.
상냥하게, 하지만 '하지 말라'는 의사를 확실히 밝힙시다.

### 대화 시도의 예

'안 돼요, 만지지 마세요.' (라고 손을 이동시킨다)

'안 돼요 (라고 손을 뿌리치며),
연속극 시작하니까 텔레비전 틀어 드릴게요.'

### 올바르지 못한 대화 시도의 예

◆ '그렇게 행동하면 이제 안 돌봐 드릴 거예요!'

→ 거절에 해당합니다.

◆ ······ (행위를 무시하는 듯한 무반응 또는 무대답)

→ 무관심이라는 거절에 해당합니다.

치매 환자가 성적인 행동을 하려 하는 경우, 원인으로 생각해볼 수 있는 부분은 우선 간병인의 주의를 끌고 싶을 때입니다. 외로워서 소통하고 싶은 마음에 엉덩이나 가슴을 만지는 등 간병인을 희롱하는 행위로 이어지는 것입니다.

그밖에 자신이 고령자가 되었다는 기억이 사라져 젊은 시절의 마음으로 돌아가 성적 호기심이 높아지는 경우도 있습니다. 인지 능력이 저하되면 '그렇게 행동하면 안 된다', '이상한 사람 취급을 받을 수 있다' 라는 생각에 도달하지 못해 제어하지 못하게 되기 때문입니다.

치매 환자를 상대하더라도 간병인의 불쾌감을 확실히 전달해야 합니다. '안 돼요. 그런 행동은 그만 하세요' 라고 확실히 말합니다.

그리고 텔레비전을 켜거나 음악을 틀어서 의식을 다른 데로 돌리거나, 잠시 자리를 비키는 등 성희롱 행위에서 벗어날 수 있도록 분위기 전환을 시도합니다. 또, 둘만 있을 때 성희롱 행위가 발생하는 경우에는 두 사람 이상이 간병할 수 있도록 체제를 검토해 봅시다.

절대 혼자서 참으려고 해서는 안 됩니다. 다른 가족이나 전문 복지 시설 직원에게 상담하는 등, 치매 증상을 공유하기 위해서라도 공개해야 합니다.

# 음악 요법은 일거양득!
## 치매뿐만 아니라
## 오연성 폐렴 방지에도 좋다!

음악 요법은 다양한 전문 시설에서도 시행되고 있는 치매 재활법입니다.
음악을 듣기만 하는 '수동적 음악 요법'과 스스로 노래를 부르거나 악기를
연주하는 '능동적 음악 요법'이 있죠.

음악이 가진 힘은 의학적으로 증명되어 있습니다. 노래를 부르면 뇌의 혈량
이 늘어나고 그 결과, 뇌의 에너지원이 되는 '당'이 뇌에 전달되는 양도 증
가합니다. 많은 에너지가 뇌에 도달하면 뇌가 더 활성화됩니다.

또, 노래를 부르면 입 주변 근육이 단련되어 혀를 움직일 수 있어서 고령자
에게 흔히 나타나는 오연성 폐렴도 방지할 수 있습니다. 어렵게 생각할 것
없이 치매 환자가 좋아하는 음악을 틀거나 노래를 부르게 하는 것부터 시
작해 봅시다.

제 4 장

간병이 '100배는 쉬워진다'

# 마음가짐을
# 다지는 방법을
# 알려드립니다

# 간병 중에 무엇을 해도
## 짜증이 난다면

## 간병인의 심정은
간병이 길어질수록 편해진다

치매는 발병기 → 초기 → 중기 → 말기 순서로 악화됩니다 (→ 38페이지 참조). 발병 이후 시간이 경과하면서 악화되는데 그 사이에 간병인의 심리 상태도 서서히 변화해 갑니다.

간병인의 변화는 4단계로 이루어져 있습니다.


우선 1단계는 발병했음을 깨닫는 단계인 발병기입니다.

간병인의 마음은 '인정하고 싶지 않아', '설마, 그럴 리가 없어', '금방 나을 수 있을 거야', '다른 질병의 영향일 거야' 라며 당혹스러워 하며 부정만 하게 됩니다.

　그러는 와중에 증상이 뚜렷해지는 치매 초기가 되면 치매 환자의 말이나 행동에 혼란스러워하며 '어떻게 하면 잘 간병할 수 있을까?', '왜 제대로 대응하지 못할까', '어째서 이런 일이 벌어진 거야!' 라며 분노와 혼란의 마음과 간병 생활에 대한 각오가 뒤엉키는 상태가 됩니다. 이것이 2단계입니다.

　여기에서 시간이 더 흐르면 3단계에 돌입합니다. 치매 환자와 보내는 일상에 익숙해져 어느 정도 여유도 생깁니다.

　'어째서 이런 일이 벌어진 거야!'에서 '그래요, 그럴 줄 알았어요' 라고 생각하면서 심정적으로는 편해집니다.

　그와 달리 치매 환자의 증상은 매일 악화되어 갑니다. 지금까지의 경험치로는 대응하기 힘든 사례도 빈발하죠. 간병인의 심정은 '어쩔 수 없다' 라는 생각에서 '네, 이해해요', '맞아요, 힘들죠' 등과 같이 치매 환자의 존재나 말과 행동을 자연스럽게 받아들일 수 있는 경지에 도달합니다.

　여기까지 오면 4단계 돌입입니다. 치매 환자의 희로애락을 공감할 수 있고, 쓸데없는 초조함이나 한탄하는 일 없이 완전히 치매 환자를 받아들일 수 있게 됩니다.

## '간병을 위한 3가지 마음가짐'을 실행하여 짜증에서 탈피!

앞서 설명했던 4단계에서도 알 수 있듯이 간병인은 누구나 처음에는 초조함과 당혹스러움, 불안함을 숨기기 힘듭니다. 이 단계를 어떻게 극복하느냐가 치매 간병의 핵심입니다.

가능한 한 이른 단계에서 가족들과 간병에 대한 의식 개혁을 공유해 주십시오. 이른바 '간병의 마음가짐 3개조'입니다.

**제1조** '너무 열심히 하지 않는다'

간병은 길고 끝이 보이지 않는 마라톤과 같습니다. 심신의 체력이 부족하면 치명적일 수 있습니다. 그렇게 되지 않으려면 적당히 손을 뗄 줄도 알아야 합니다. 열심히 하는 것만이 능사는 아닙니다.

목욕하기 싫어서 감당하기 힘들다면 '더럽다고 큰 일이

나는 건 아니다' 라는 생각으로 그날은 목욕을 건너뛰어 봅시다. 만약 며칠씩 씻지 않으려는 날이 이어진다면 전문가에게 방문 목욕을 의뢰합니다. 자신이 말을 걸어도 아무런 대답도 하지 않는다면 다른 가족에게 대화를 시도해 보라고 요청해 봅시다. 장소를 바꿔서 대중 목욕탕을 권유해보는 것도 한 가지 방법입니다.

어쨌든 '내가 어떻게든 해야 한다' 라거나 '내가 책임자야!' 라며 책임감을 느낄 필요는 없습니다. 총력전이 아니라 쉬엄 쉬엄한다는 생각으로 해봅시다.

### 제2조 '상상해본다'

치매 환자는 갑자기 어린 시절로 돌아가 이야기하려 하거나 열심히 일했던 시절의 일화를 끊임없이 이야기하기도 합니다.

'아, 할아버지는 지금 시골 야산을 내달리던 초등학교 시절에 머물러 있구나', '어머니는 중학교 선생님이었던 1990년대로 시간 여행을 떠났구나'. 상상력은 치매 환자의 세계 속 안

내인이 되어 과도하게 휘둘리지 않고 정확히 간병할 수 있도록 인도해 줍니다.

간병인은 그 시절, 그 무대에 서서 초등학교 동급생이나 교사 동료가 되어 상대 역할을 연기해 주십시오.

'맞아, 그때는 참 힘들었죠'처럼 마치 같이 보고 있는 듯이 말하는 이러한 거짓말은 용서받을 수 있는 하얀 거짓말이니 죄의식을 느낄 필요는 없습니다. 치매 환자가 편하게 생생한 시간을 보내고 나면 난처한 행동이 줄어들어 간병도 편해집니다.

### 제3조 '비교하지 않는다'

육아와 마찬가지로 치매 환자의 증상 발현 형태나 위중한 정도는 개인마다 다릅니다. 하지만 그것은 '성적'이 아닙니다. 타인과 비교해서 일희일비할 일도 아니며 합격선도 존재하지 않습니다.

'남들은 남들이고 우리는 우리다.', '우리에게 행복한 간병이란 무엇일까요?', '치매에 걸린 할아버지, 할머니가 웃음 지으며 보내려면 무엇이 중요할까?' 이렇게 생각해야만 합니다.


　혼자서 떠안은 상태로 완벽을 추구하려다가 짜증을 내고, '무슨 뜻인지 알 수 없는' 치매 환자의 마음을 상상해보지 않고 짜증을 내고, 다른 치매 환자나 가족의 모습이나 간병 방법과 비교하며 짜증을 냅니다…….

　짜증(스트레스)은 만병의 근원입니다. 치매 환자의 건강뿐만 아니라 간병인의 심신의 건강도 중요하죠. 이 3가지 마음가짐을 실행하면 '간병인이 자연스럽게 자신을 소중히 여기는 간병'을 할 수 있게 됩니다.

# 긍정적으로 간병 현장에서
## 거리를 둬도 좋습니다

## 간병인이 있기 때문에
## 존재할 수 있는 간병

　지금까지 '간병인의 심리 변화'와 '간병의 마음가짐'을 다루어 봤습니다. 하지만 매일 이어지는 간병에 지쳐 이미 정신적 혼란에 빠진 간병인도 있을 것입니다.

　그래서 저는 계속해서 강력히 호소하는 바가 있습니다.

　'혼자서 끌어안으려 하면 안 됩니다. 다른 가족이나 친척들에게 현재 상황을 설명해서 협력 체제를 꾸려야만 합니다' 라고 말이죠.

그래도 여전히 '우리 집 양반은 일이 너무 바빠서 이야기할 시간이 없어서요'라며 넋이 나간 표정을 보이는 간병인도 있습니다……. 실제로 가족이 비협조적이고 이해해주지 않아 마음에 병을 안고 있는 간병인이 적지 않습니다. 또, 간병인이 독신에 외동이라면 상담할 가족이나 친척이 없을 수도 있습니다.

여러 차례 언급했듯이 간병인이 건강해야만 치매 환자도 간병할 수 있습니다. 간병인의 초조함과 피로가 한계에 도달해서 쓰러지면 그야말로 다같이 무너져 내리고 맙니다.

한계에 다다르기 전에 확실히 도움을 청해 봅시다.

'더는 무리야!'라고 느껴질 순간이 많아졌다면 다른 가족이나 친척, 전문 간병 시설이나 서비스를 이용해서 일단 간병 현장에서 멀어져 보십시오.

어떤 사정으로 자택에서 치매 환자를 돌봐야만 할 때는 가족의 협력이 무엇보다 중요하지만, 어려운 상황이라면 간병 도우미의 힘을 빌려 봅시다. 일주일에 1~2일, 몇 시간만이라도 간병하지 않아도 되는 시간이 생기면 심신의 피로가 조금은 풀릴 것입니다.

비용에 관한 내용도 상담할 수 있는 지역 포괄 지원센터나 고민을 공유할 수 있는 가족 모임(치매 환자와 가족 모임 등)에서 상담을 하거나 이용 가능한 서비스나 요금을 미리 확인해 두면 안심할 수 있습니다.

또, 주치의에게 진행 상황을 설명받거나, 전문 직원에게 간병 체제를 포함한 정확한 조언을 받으면 막다른 골목에 봉착한 간병에서 빠져나올 수 있는 계기를 만들 수 있습니다.

감추지 말고 모두에게 밝힙시다. 그리고 혼자서 100%의 간병을 목표로 삼지 말고 전문가의 손길을 빌려서 '모두 합쳐 100%'가 될 수 있도록 노력합시다.

# 서로 '매일 웃는 시간'을
## 가져보자

## 웃기만 해도 얻을 수 있는 것들이
### 이렇게나 많다!

마음이 편해지기 위해 추천하는 방법이, '매일 치매 환자와 웃으면서 지내는' 것입니다.

사실 이 방법은 치매 환자에게 훌륭한 재활 치료가 되기도 합니다.

'일상생활에서 목소리를 내며 웃는 빈도는 얼마나 되나요?' 라고 고령자를 대상으로 한 설문조사에서 '거의 매일'이라고 대답한 남성 응답자는 38%, 여성 응답자는 49%, '거의 없다'

는 남성 10%, 여성 5%였습니다.

게다가 '거의 웃지 않는 사람의 현재 건강 상태'를 조사해본 결과, '그다지 좋지 않다/좋지 않다'가 '거의 매일 웃는 사람'보다 남성은 1.54배, 여성은 1.78배라는 결과가 나왔습니다.

다양한 연구를 통해 해당 건강 상태의 자가 평가 점수가 낮은 사람은 계속 누워 있는 비율이나 사망률이 높은 경향을 보였습니다. 또 웃음을 통한 뇌의 활성화 연구도 진행되고 있어 의학적으로도 웃음의 효능은 보증된 바나 다름이 없습니다.

아이들은 하루에 400회 정도 웃는다고 합니다. 반면 어른들은 그보다 훨씬 적은 13회 정도뿐이죠. 아이들처럼 천진난만하게 진심으로 웃을 수 있다면 '복이 찾아올 것'입니다.

간병을 하다 보면 정말 다양한 일이 벌어집니다. 그러니 치매 환자와 함께 크게 입을 벌려 마음속에서부터 '와하하!' 하고 웃는 새로운 건강 습관을 꼭 들여 보시기 바랍니다.

웃음의 씨앗은 신경을 써서 살펴보면 일상생활의 다양한

곳에 존재하고 있습니다. 그 씨앗을 놓치지 말고 주워서 목소리를 내서 웃어봅시다.

긴장했거나 피곤할 때는 어려울 수도 있습니다. 웃을 기분이 아닌 날도 있겠죠. 하지만 그럴 때일수록 더 웃으며 조금이라도 마음이 편안해지시기를 바랍니다.

# 치매는
## 신이 내려주신 선물······?

**인생의 마지막 순간에**
행복한 기억과 함께 살기 위해서

저는 강연 등에서 종종 '치매는 신이 내려주신 선물'이라고 말하고는 합니다.

지금 간병을 하고 계신 분께는 믿기 힘든 말일 수 있습니다. 하지만 오랫동안 치매 환자를 진찰해보니 진심으로 그런 생각이 들었습니다.

치매로 인한 기억 장애로 '죽음이나 질병에 대한 공포'나 '지금의 괴로운 일'조차 잊게 됩니다.

머릿속에 남아 있는 것은 과거의 화려하게 빛나는 기억과 자신이 가장 행복했던 순간들뿐이죠.

물론 난처한 행동을 벌이는 상태라면 주변 사람뿐만 아니라 본인도 괴롭겠지만, 주변의 대처를 통해 그러한 행동이 줄어든 상태라면, 그리고 만약 난처한 행동을 벌이더라도 간병인이 그것에 적절히 대응할 수 있고, 치매 환자의 마음이 진정을 되찾는다면 치매 환자는 가장 행복한 시간을 평온하게 살아갈 수 있습니다.

인생을 살다 보면 어쩔 수 없이 괴로운 일이나 원하지 않는 일이 벌어집니다. 그래서 저는 인생의 마지막 순간에 그 괴로움에서 벗어날 수 있다는 의미에서 '치매는 신이 내려주신 선물'이라고 표현하고 있습니다.

## 간병인이 여유를
### 느낄 수 있는 사회를

하지만 국내에서는 아직 서비스를 이용할 수 있는 제도가 충분하지 않아 '인식을 바꾸면 행복해질 수 있는 시기'를 간병인이 융통성 있게 지켜보기 힘든 것이 현 상황입니다.

환자 곁에 있는 간병인만 괴로움을 떠안으려 하지 말고 사회 전체가 치매 환자를 간병할 수 있도록 체제를 정비해 나간다면 간병인도 '신이 내려주신 선물이다' 라고 생각할 수 있는 때가 찾아올 수 있으리라 믿습니다.


조금만 인식을 바꾸면 어떤 일이든 편해질 수 있습니다.

그런 마음으로 마지막으로 이 이야기를 해드리고 싶었습니다.

상황이 여의치 않을 수도 있습니다. 그래서 그저 이상론일 뿐이라고 말할 수도 있겠죠. 그래도 간병인이 너무 열심히 하려 하지 말고, 모든 것을 떠안으려 하지 말고, 간병을 마주하지 않기를 진심으로 바랍니다.

지금까지 읽어주셔서 대단히 감사합니다. 마지막으로 치매 환자 관련 대화 방식과 마찬가지로 여러분께서 중요하게 여기기를 바라는 점이 있습니다.

"100%의 힘을 쏟아 간병하지 마세요.
꼭 '70%의 힘으로 간병'할 수 있도록 신경 쓰시기 바랍니다."

저는 오랫동안 치매 간병의 현장에서 기진맥진하여 생기를 잃은 간병인을 많이 봐왔습니다. 친인척이 많이 있음에도 혼자서 간병해왔던 '대를 이을 큰 며느리' 분들. 부모님을 돌보는 것을 효도라고 믿어 일을 그만두고 간병에 전념하고 있던 '독신 외동들'……

그런 분들에게 저는 똑같은 말을 해왔습니다.

"간병인은 치매 환자의 '거울'입니다", "당신이 웃지 못하면 치매 환자도 웃을 수 없어요", "기분전환을 잘 해봅시다" 라고 말이죠.

그러려면 전문 복지 시설 등을 적절히 이용해야 합니다. 잠시 치매 환자와 간병인이 떨어져서 보내는 시간을 마련해 두면 간병인에게 신체적, 정신적으로 여유가 생겨납니다.

그러면 가정 간병 중에 질책이나 짜증으로 인한 호통이 자연스럽게 줄어 치매를 공략할 수 있는 정확한 대화 시도가 가능해질 것입니다.

실제로 제 조언을 통해 가정 간병만 하다가 외부 서비스를 이용하게 된 간병인에게 다음과 같은 이야기를 들었습니다.

'전문 복지 시설을 이용하면서 여유가 생겼더니 집에서도 할머니를 부정할 일도 안 생기고 상냥한 목소리로 대화를 시도할 수 있었어요. 건망증은 변함없지만, 계속 고민되었던 피해망상과 환각이 급격히 줄어서 간병이 굉장히 편해졌어요.'

혼자서 모든 것을 떠안으려 하지 마십시오.
간병인인 당신에게도 자신만의 소중한 인생이 있습니다. 간병인이 기분을 잘 전환하여 대화 시도가 잘 통하면 치매 환자의 삶에 웃음꽃이 가득할 것입니다.